兽医临床诊断学

张金宝　陈强斌　杨志隆◎编著

西北农林科技大学出版社

图书在版编目（CIP）数据

兽医临床诊断学 / 张金宝，陈强斌，杨志隆编著
. -- 杨凌 : 西北农林科技大学出版社，2021.9
ISBN 978-7-5683-1008-6

Ⅰ. ①兽… Ⅱ. ①张… ②陈… ③杨… Ⅲ. ①兽医学—诊断学 Ⅳ. ① S854.4

中国版本图书馆 CIP 数据核字 (2021) 第 190312 号

兽医临床诊断学
张金宝　陈强斌　杨志隆　编著

出版发行　西北农林科技大学出版社
地　　址　陕西杨凌杨武路 3 号　　邮　编：712100
电　　话　总编室：029-87093195　　发行部：029-87093302
电子邮箱　press0809@163.com
印　　刷　天津雅泽印刷有限公司
版　　次　2022 年 4 月第 1 版
印　　次　2022 年 4 月第 1 次
开　　本　787 mm×1092 mm　1/16
印　　张　11.75
字　　数　169 千字

ISBN 978-7-5683-1008-6
定价：64.00 元

前　言

改革开放以来，随着社会经济的不断发展，我国的畜牧业得到了空前发展，动物性食品，特别是肉与蛋，已极大地满足了人们的生活需求，短缺经济宣告结束。因此，目前以及未来畜牧业要解决的问题除了继续保障畜牧产业的健康、稳步发展外，更重要的是保证从牧场到餐桌这一食品链的质量与安全，而兽医学科在其中起着重要的作用。

随着经济的发展与人民生活水平的不断提高，伴侣动物的饲养量显著增加，已为兽医（特别是经济发达地区）开辟了一个很大的临床服务领域；野生动物（动物园、自然保护区）的保护、特种经济动物的养殖以及未来竞技动物的职业化，都将是兽医服务的延伸。从疾病范围看，食用动物中的肉用与蛋用动物由于生命周期短，主要以群发病为主，如传染病、寄生虫病、中毒病及营养代谢病等；而伴侣动物、竞技动物以及人工保护的重要野生动物由于生命周期长，主要以器官性疾病为主，如内、外、产科病以及皮肤病等。而食用动物中的奶用动物，如奶牛、奶羊等既具有群发病的特点，又因其生命周期明显长于同类肉用动物，器官性疾病的发病率亦很高。特别是国家为调整动物性食品结构，已启动“奶业计划”，在未来需要有相当一部分兽医专职从事奶牛疾病的防治工作。此外，对相对价值高的动物而言，除了有病诊断外，平时需要对其建立健康档案，定期进行体检，随时了解这些动物的健康状态，因此，未来的兽医工作是预防与临床诊疗并重，保障动物健康与保证食品链安全并重。

本书在编写过程中，参考和借鉴了国内部分专家同行的有关著述，在此表示感谢。限于我们的知识结构与经验不足，书中缺点与错误在所难免，敬请读者批评指正。

编　者

2021 年 8 月

目　录

第一章 兽医临床诊断步骤与诊断的思维方法

第一节 诊断疾病的步骤

在疾病诊疗过程中，建立正确的诊断，通常是按照以下三个步骤来进行。

一、调查研究，广泛搜集资料

完整的病史对于建立正确诊断非常必要。要得到完整的病史资料，应全面认真地调查现病史、既往生活史和周围环境因素等，调查中要特别注意病史的客观性，防止主观片面。片面的和不准确的病史经常会导致诊断上的严重错误，必须注意避免和克服。

除调查病史外，对于建立正确诊断更为重要的是对患病动物进行细致的检查，全面地搜集症状。搜集症状，不但要全面系统、防止遗漏，而且要依据疾病进程，随时观察和补充。因为每一次对患病动物的检查，都只能观察到疾病全过程中某个阶段的变化，而往往要综合各个阶段的变化，才能获得对疾病较完整的认识。在搜集症状的过程中，还要善于及时归纳，不断地做分析，以便发现线索，逐步地提出要检查的项目。具体来说，在调查病史之后，要对主诉提供的材料进行大体上的分析，以便确定检查方向和重点。在一般检查、系统检查、特殊检查及实验室检查之后，要及时对检查结果进行归纳和小结，为最后的综合分析做准备。这样做看起来多费了些时间，但实际线索找对了、方向摸准了，更易收到事半功倍的效果。

二、综合分析，形成初步诊断

（一）分析症状

临床实际工作中，不论是所调查的病史材料，还是所搜集到的临床症状，往往都是比较零乱和不系统的，必须进行归纳整理，或按时间先后顺序排列，或按各系统进行归纳，以便对所搜集的症状进行分析评价。在分析症状过程中，应处理好以下四种关系。

1. 现象与本质的关系

临床材料，不管是病史资料、症状表现，还是实验室检查结果，都具有它们所代表的临床诊断意义，这就是现象与本质的关系。例如胸膜摩擦音是一种病理现象，它所反映的本质是胸膜面上有纤维蛋白沉着，是由纤维素渗出性胸膜炎引起的。

对动物主人的主诉材料，应该对照现症检查的结果，分析鉴别。如果主诉与现症一致，证明主诉是正确的，对提供诊断线索有重要意义；不一致时，则应以现症作为诊断依据。

疾病的临床表现一般都比较复杂。如何透过复杂的临床表现去认识疾病的本质，这就要求兽医掌握认识疾病的理论知识与检查患病动物的方法。除此以外，还应掌握识别假象、辨症认病的能力，才能真正揭露疾病的本质。

2. 共性与个性的关系

许多不同的疾病可以呈现相同的症状，即所谓“异病同症”。例如在一些心脏病、肝脏病、肾脏病和贫血等疾病时都可以出现水肿，水肿是这些疾病的共同症状，是共性。但水肿在这些疾病的表现却各有特点，即个性，如心脏病性水肿因受重力影响，多出现于胸腹下部及四肢下端；而肾病性水肿则首先出现于皮下疏松组织多的部位，如眼睑等处。

再就疾病与患病动物而言，疾病是共性，患病动物是个性。由于引起疾病的原因复杂，疾病的类型又不相同，发展阶段也不尽一样，个体差异又很大，故同一种疾病在不同患病动物身上的表现是有差异的。有的症状典型，有的表现不明显；有的以这一症状为主，有的以另一症状为主；而且，同一种疾病，即使在同一患病动物身上，由于疾病发展阶段不同，其症状自然也有所差别。因此，要求任何患病动物在相同阶段出现典型划一的症状是不可能的。例如牛的化脓性疾病，通常不表现为白细胞总数增多，而是表现为明显的中性粒细胞核左移。所以，在临床诊断中，只有善于从特殊性发现一般规律，又能用一般规律去指导认识特殊性，才能对疾病的认识越来越深化。鉴别诊断法就是从共性与个性的关系上来建立疾病的诊断。

3. 主要症状与次要症状的关系

在分析症状时，不仅要去伪存真，还要抓住主要矛盾。一个疾病可以出现多种症状，即所谓的“同病异症”；同一个症状，又可以由不同的疾病引起，所谓的“同症异病”。因此，对待症状不能同等看待，应区分主次，抓住主要

症状。在临床上，可根据症状出现的先后和症状的轻重，找出其主要症状。一般说来，先出现的症状大多是原发病的症状，常常是分析症状、认识疾病的向导；明显的和严重的症状往往就是疾病的主要症状，是建立诊断的主要依据。临床上对主要症状明显的疾病，使用论证诊断法较合适。

4. 局部与整体的关系

动物体是一个复杂的整体，各组织、器官虽有相对的独立性，但又相互密切联系。许多局部病变可以影响全身；反过来，全身性的病变又可以局部症状为突出表现。例如局部脓肿可引起发热等全身症状，而磷、钙代谢障碍等全身性疾病可以表现为骨骼变形、四肢运动障碍等局部症状，所以，对疾病的诊断，必须把局部和整体结合起来进行分析，防止孤立、片面地对待症状。

此外，还应注意症状之间有无内在联系，彼此有无矛盾。只有把由视、触、叩、听诊所搜集到的临床症状与实验室检查和相应的特殊检查的结果综合、联贯起来思索、纵横剖析，分析各种检查结果彼此之间是否一致，各个症状是否符合某种疾病应有的症状，才能提出正确的诊断。

（二）建立初步诊断

建立诊断就是对患病动物所患的疾病提出病名。这一病名应能提出患病器官、疾病性质和发病原因。怎样才能提出恰当的病名，除了上面所说分析症状应注意的几个关系外，还要能善于发现综合症状或示病症状。最后应用论证诊断法或鉴别诊断法，建立初步诊断。在建立诊断时，首先要考虑常见多发病，应注意动物的种属、年龄，以及地区和环境条件等。如 30 日龄以内的仔猪易患大肠杆菌病，2 ～ 4 月龄幼猪多发副伤寒，在某些传染病流行地区首先要考虑传染病，在高氟地带应考虑氟中毒等。

在建立初步诊断时，如果动物所患疾病不只一种，应分清主次，按顺序排列。影响健康最大或威胁生命的疾病为主要疾病，应排在最前面。在发病机制上与主要疾病有密切关系的疾病，称为并发病，列于主要疾病之后；与主要疾病无关而同时存在的疾病称为伴发病，排列在最后。例如初步诊断为佝偻病，并发肋骨骨折，伴发螨病。

三、反复实践，不断验证或修正

临床工作中，在运用各种检查手段全面客观地搜集病史、症状的基础上，通过分析加以整理，建立初步诊断后，还应拟定和实施防治计划，并观察这些防治措施的效果，以验证初步诊断的正确性。一般来说，防治效果显效的，证明初步诊断是正确的；防治无效的，证明初步诊断是不完全正确的，此时要重新分析，修正诊断。

实际上，在初诊时就能做出正确无误的诊断，并能拟定出始终可用的防治计划的情况并不多见。这是因为诊断过程不但常常受科学技术水平的限制，而且也受疾病发展及其表现程度的限制。所以，对于症状比较复杂的患病动物，在建立初步诊断后，仍需在治疗过程中不断观察，不断分析研究，如果发现新的情况或病情与初步诊断不符时，应及时做出补充或更正，使诊断更符合客观实际，直至最后确定诊断。临床工作者只有通过反复实践，在技术上精益求精，才能不断提高对疾病的认识能力和诊断水平。

综上所述，从调查病史、搜集症状，到综合分析症状、做出初步诊断，直至实施防治、验证诊断，是认识、诊断疾病的三个过程，这三者相互联系，相辅相成，缺一不可。其中调查病史、搜集症状是认识疾病的基础；分析症状是揭露疾病本质、制订防治措施的关键；实施防治、观察疗效是验证诊断、纠正错误诊断和发展正确诊断的唯一途径。如果搜集症状不全，或先入为主，主观臆断，根据片面的症状或主观、客观相分离的症状下诊断，就难免得出错误的诊断；如果对搜集的症状不加分析，主次不分，表里不明，那么对疾病的认识就只能停留在表面现象上，无法深入疾病的本质；如果建立初步诊断之后，就完事大吉，不去验证，那就无从纠正错误的认识，不能达到建立正确诊断的目的。

第二节　临床思维方法

临床思维方法是兽医临床工作者认识、判断和治疗疾病所用的一种逻辑推理方法。诊断疾病过程中的临床思维就是将疾病的一般规律应用到判断特定个体所患疾病的思维过程。

诊断过程是兽医临床工作者对疾病从现象到本质、从感性到理性的认识，又从理性认识再回到医疗实践中去的反复验证的过程。因此，形成正确的诊断不仅需要动物医学专业知识，而且要有正确的思维方式。

资料搜集很好，但是思维方法不正确，也无法得出正确的诊断。也就是说，诊断是临床医生的基本实践活动，就是把调查的材料（无论是问诊、物理检查，还是实验室及辅助检查取得的资料）经过分析综合、推理判断，得出符合逻辑的结论。

一、临床思维的要素

1. 临床实践

通过各种临床实践活动，如病史采集、体格检查、诊疗操作等，细致而周密地观察病情，发现问题、分析问题、解决问题。

2. 科学思维

是对具体的临床问题比较、推理、判断的过程，并在此基础上建立疾病的诊断。临床医生得到的资料越翔实，知识越渊博，思维过程就越快捷，越切中要害，越接近实际，也就越能尽早做出正确的诊断。

二、临床思维的基本方法

1. 临床思维的几种方法如下：

①从解剖的观点，观察有何结构异常；②从生理的观点，观察有何功能改变；③从病理生理的观点，提出病理变化和发病机制的可能性；④考虑几个可能致病的原因，考虑病情的轻重，勿放过严重情况；⑤提出 1 ～ 2 个特殊的假说；⑥检验该假说的真伪，权衡支持与不支持的症状体征；⑦寻找特殊症状体征组合，进行鉴别诊断；⑧缩小诊断范围，考虑诊断的最大可能性；⑨提出进一步检查及处理措施。

2. 临床思维中应注意的问题包括：

①现象与本质：如患病动物发热，出现咯铁锈色鼻液，胸部叩诊呈现浊音，听诊可听到湿性啰音，X 射线显示片状阴影，血液常规检查白细胞总数增高等现象，提示感染肺炎（大叶性肺炎）。②主要矛盾与次要矛盾：临床表现复杂，应抓住主要矛盾才能得到正确诊断。主要矛盾反映发病本质，是威胁生命的矛盾，应抓住主要矛盾兼顾次要矛盾。③局部与整体：局部可影响整体，整体也可以表现在局部。④共性与个性：不同疾病可以有相同征象，即共性。这些疾病又有各自特点，即为个性。⑤典型与不典型：典型是相对的，不典型是绝对的。

三、临床思维的基本原则

1. 首先考虑常见病与多发病，如患病动物表现弓背首先考虑腹部疼痛性疾病（急腹症），而不是首先考虑腰椎损伤。

2. 应考虑当地流行和发生的传染病和地方病。

3. “一元论”：尽量用一个疾病去解释各种临床表现。如患病动物出现咳嗽，咯血，发热，淋巴结肿大，血尿，可用“结核病”解释，而不用“肺炎，上呼吸道感染，肾炎”等多个疾病来解释。

4. 首先考虑器质性疾病然后考虑功能性疾病，以免错失良机，误诊误治。

5. 首先考虑可以治疗的疾病。

6. 实事求是原则，避免片面、主观、牵强附会地下诊断。努力寻找诊断和排除诊断的根据。

7. 简化思维程序原则。当疾病表现多样，诊断不明，尤其是急诊重症时，应抓住重点、关键的临床现象，患病动物才能得到及时恰当的治疗。

四、建立诊断的方法

建立诊断的方法通常有两种，即论证诊断法与鉴别诊断法。

1. 论证诊断法

所谓论证诊断是指对患病畜禽临床检查得到的症状资料分清主次后，依主要症状提出一个具体的疾病，然后将这些症状与所提出的疾病理论上应具有的症状进行对照印证。如果提出的疾病能解释出现的主要症状，且与次要症状不相矛盾，便可建立诊断。在临床上单一不复杂且症状明显的疾病，如临床上有示病症状的疾病或一些局部症状典型的疾病，一般可以按此法进行诊断。

2. 鉴别诊断法

在症状不典型或病情复杂的情况下，往往无法确定一个具体的疾病，这时必须用鉴别诊断法进行排除。即先根据一个或几个主要症状提出多个可能的疾病，这些疾病过程中都可能出现一个或多个这样的症状，但究竟是哪一种疾病，须进行类症鉴别，以缩小范围，最后归结到一个（或一个以上）可能性最大的疾病，这就是鉴别诊断法。

在进行鉴别诊断时，首先要将所有相关的疾病都考虑在内，这样不易造成漏诊，导致错误诊断。在此基础上具体进行鉴别诊断时，要认真分析各个相关疾病的个性（特殊性），先从大类上排除；具体到某一类型疾病时，如有必要还须进行实验室检查或特殊检查。

在具体的临床诊断中，论证与鉴别可相互补充。进行论证诊断时，对于一些不易解释的症状应排除可能的原因；在鉴别诊断完成后，亦可用论证诊断再进行一次证实，这样诊断的可靠性会明显提高。

五、常见误诊、漏诊的原因

错误的诊断是造成防治失败的主要原因，它不仅造成个别动物死亡或影响其经济价值，而且可能造成疫病蔓延，使畜群遭受危害。导致错误诊断的

原因多种多样，概括起来可以有以下四个方面：

1. 由于病史不全面而产生误诊。病史不真实或者介绍得简单，对建立诊断的参考价值极为有限，从而发生误诊。

2. 由于条件不完备而产生误诊。由于时间紧迫，器械设备不全，检查场地不适宜，动物过于骚动不安或卧地不起，难以进行周密细致的检查，也往往引起诊断不够完善，甚至造成错误的诊断。

3. 由于疾病复杂而产生误诊。疾病比较复杂，不够典型，症状不明显，而又忙于做出诊治处理，在这种情况下，建立正确的诊断比较困难，尤其对于罕见的疾病和本地区从来未发生过的疾病，由于初次接触，容易发生误诊。

4. 由于业务不熟练而产生误诊。由于缺乏临床经验，检查方法不够熟练，检查不充分，认症辨症能力有限，不善于利用实验室检查结果分析病情，诊断思路不开阔，而导致诊断错误。

第三节 临床诊断的内容与格式

一、诊断的内容

所谓疾病的诊断，即兽医师通过诊察之后，对患病动物的健康状态和疾病情况提出的概述性判断，通常要指出病名。一个完整的诊断，要求做到：表明主要病理变化的部位；指出组织、器官病理变化的性质；判断机能障碍的程度和形式；阐明引起病理变化的原因。例如亚急性细菌性心内膜炎，相对来说是一个比较完整的诊断。但在临床上，由于种种原因，有时很难得出完整的诊断，而只是包含了上面所要求的一项或两项内容。

按诊断所表达内容的不同，可将其分为症状诊断、病理形态学诊断、原因诊断、机能诊断和发病学诊断等。

1. 症状诊断

仅以症状或一般机能障碍所做的诊断，称为症状诊断，如发热、咳嗽、腹痛、腹泻、跛行、趴窝等。因为同一症状可见于不同的疾病，而且未能说明疾病的性质和原因，所以这种诊断的价值不大，力求不做出这类诊断。

2. 病理形态学诊断

根据患病器官及其形态学变化所做出的诊断，称为病理形态学诊断，如溃疡性口炎、支气管肺炎、渗出性胸膜炎等。这种诊断一般可以指出病变的部位和疾病的基本性质，但仍未说明疾病的发病原因，对于制订预防措施帮助不大，但作为一般的治疗依据还是适用的。

3. 病因诊断

这种诊断能表明疾病发生的原因，对于疾病防治很有帮助，如炭疽、结核病、放线菌病、肝片吸虫病、风湿性肌炎、霉性胃肠炎、营养性缺铁性贫血等。

4. 机能诊断

表明某一器官机能状态的诊断，称为机能诊断。如胃酸过少性消化不良、前胃弛缓、心功能不全等。

5. 发病学诊断

阐明发病原理的诊断，称为发病学诊断或发病机制诊断。这种诊断不但要阐明疾病发生的具体原因，还要说明疾病的发展过程，疾病的发生与机体内在矛盾的关系，以及病理过程的趋向和转归，如营养性继发性甲状旁腺机能亢进症、自体免疫性溶血性贫血、过敏性休克等。发病学诊断，除要求做出“疾病的诊断”外，还要求做出切合某一个体患病动物的“患病动物的诊断”，所以它是一种比较完满的诊断。

6. 并发症的诊断

指原发疾病的发展，导致机体、脏器的进一步损害的疾病，其与主要疾病性质不同，但在发病机制上有密切关系，如犬糖尿病并发白内障。

7. 伴发疾病诊断

指同时存在的且与主要诊断疾病为相关的疾病，其对机体和主要疾病可能发生影响。

8. 待诊

有些疾病一时难以确诊，临床上常以其突出症状或体征为主题来待诊处理。并尽可能根据收集资料的分析综合，提出一些可能的诊断。尽量根据收集的资料综合分析，提一些诊断的可能性，按可能性的大小排列，反映诊断的倾向性。

二、诊断书的书写要求

1. 病名要规范，书写要标准。书写应当一律用中文和医学术语，通用的外文缩写和无正式译名的症状、体征、疾病名称、药物名称可以使用外文，但不得用化学分子式。动物主人述及的既往所患疾病名称和手术名称应加引号。

2. 选择好第一诊断。

3. 勿漏诊。不要遗漏不常见疾病及其他疾病。

4. 疾病诊断的顺序。主要的、急性的、原发的在前，次要的、慢性的、继发的在后。

第二章 临床基本检查方法

第一节 问诊

问诊就是询问畜主或饲养管理人员而获取病史资料的过程，又称为病史采集。通过问诊可了解疾病的现状和历史，这是认识疾病的开始，也是诊断疾病的重要方法之一。问诊得到的结果对了解疾病的发生、发展情况和对疾病的诊断及治疗具有重要意义，既可为兽医师提示诊断的思考方法和范围，又可为进一步检查提供线索。有的疾病，如破伤风、癫痫、生产瘫痪、马麻痹性肌红蛋白尿、牛血尿症、狂犬病以及幼畜佝偻病等，仅靠问诊基本上就可以做出诊断。因此，问诊必须全面细致。

一、问诊的内容

问诊的主要内容包括现病史、既往病史、饲养管理和使役情况、畜舍卫生和防疫制度、繁殖性能和周围环境情况等。

(一) 现病史应着重了解以下情况

1. 发病时间

根据畜主发现动物出现异常到就诊时经过的时间，可区别该病是急性的还是慢性的。如发现患病动物后立即前来就诊，而且病情严重者，为急性病例。有的疾病则起病缓慢，如肺结核、肿瘤等，或发病后已拖延数日，可能已转为慢性病例。根据疾病发生的情况，如在饲喂前或饲喂后，使役中或休息时，舍饲时或放牧中，产前或产后发生等，可以估计可能的致病原因，查明发病的时间，确定病程阶段，对疾病治疗和预后均有一定意义。

2. 主要症状的特点

了解精神、食欲、姿势、运动、泌乳量、体温、脉搏、呼吸、反刍、排粪、排尿等生理现象的变化以及有无腹痛不安、腹泻、便秘、流涎、咳嗽、

喘息、呻吟等异常现象。重点询问发病后主要症状出现的部位、性质、持续时间和程度，缓解或加剧的因素，这些内容常可提示疾病的性质和部位，并为以后的检查和诊断提供线索。

3. 发病数及死亡情况

根据某一地区或养殖场相同症状的疾病发病数可推测为一般疾病或群发病，根据有无死亡及死亡的多寡可提示病的严重程度及转归，这些资料有助于探讨病因及制订防治措施。

4. 发病的经过及治疗情况

发病后临床表现的变化，包括出现什么新症状；是否经过治疗，用过什么药物，疗效如何；是否有因治疗不当而使病情复杂化等（如直肠检查技术不熟练可能会引起肠穿孔）。这不仅可推断疾病的发展和演变情况，而且可以根据治疗效果，为诊断疾病提供有价值的资料，同时对以后的用药也有参考意义。如对肠阻塞患病动物已使用过大量下泻药物，则在以后的治疗中应不用或慎用泻药。

5. 可能的病因

有经验的饲养人员常常可以提供可能的致病原因，如饲喂不当、管理失误、使役过重、受寒、意外事故等，饲养人员的主诉常是兽医师推断病因的重要依据。

6. 畜群情况

畜群流动情况，包括近期是否引入种畜，引入地点及其疾病流行情况，畜群中同种动物有无类似疾病发生，附近畜牧场、农户有无疾病流行等。这些资料有助于对传染病的诊断。

（二）既往病史

即患病动物过去的健康状况，包括曾患过的疾病、是否做过手术（如去势、断角、断尾、瘤胃切开等）、药物过敏史、预防接种情况，特别是有无与现病有密切关系的疾病。同时应了解患病动物所在畜群、畜牧场过去的患病情况，是否发生过类似疾病，预防接种情况；本地区及邻近畜牧场、农户有无常在性疾病及地方性疾病。这些资料对分析现病与以往疾病的关系以及是否存在常发性传染病和地方病的判定上都有重要意义。

（三）饲养管理和使役情况

应该详细询问饲养管理、生产性能和使役情况，这一点对集约化养殖场更为重要。不仅可从中探索饲养管理与现病发生上的关系，寻找可能的病因，而且也有助于制定合理的防治措施。

1. 日粮组成及饲料品质

了解饲料的种类、组成、品质、配方比例、粗料与精料的搭配比例，青饲料的供应情况，青贮饲料的品质等。饲料种类单一、品质不良、发霉变质、日粮配合不合理、饲料突然变换等，常是消化系统疾病、营养代谢病和中毒病的主要病因。

2. 饲养制度

了解是舍饲还是放牧饲养，动物因饲养制度突然改变，容易发生胃肠疾病。

3. 饲料调制

饲料调制不当，尤其是甜菜、小白菜及其他青绿饲料调制方法上的失误，常常是亚硝酸盐或氢氰酸中毒的主要原因。

4. 使役情况

过度使役、长期重剧劳役、饱食逸居的动物突然重役、运动不足等都可能是致病的原因。

（四）畜舍卫生和防疫制度

了解畜舍的卫生消毒制度是否健全，病死畜禽尸体的处理情况，场内动物的流动情况，预防接种情况，包括对主要传染病预防接种的实际效果。要了解接种时间、方法、密度及补针情况，疫苗的来源、效价、运送及保管方法等，以估计接种的实际效果，有助于对传染病的流行病学情况分析和诊断。

（五）繁殖方式和配种制度

自然交配还是人工授精；有否近亲繁殖、屡配不孕、流产、配种过早或配种过度等情况。这些资料有助于对生殖系统疾病和遗传病的诊断。

（六）环境条件

畜舍附近及放牧地点是否有散乱的金属异物；附近厂矿的三废（废气、废水、废渣）污染及处理情况；周围环境及牧场上毒草的种类、密度、分布；牧场上有否喷施农药、放置灭鼠毒饵；本地区土壤、牧草中微量元素含量等。这些资料对动物中毒病以及微量元素缺乏与过多症的诊断具有重要诊断意义。

二、问诊的技巧及注意事项

（一）问诊的内容

问诊的内容十分广泛，不可能对畜主询问上面所述的全部内容，应根据

患病动物的具体情况进行必要的选择和增减，做到抓住重点，切合实际。

（二）问诊顺序

在问诊的顺序上应根据实际情况灵活掌握，可以先问诊后检查，也可以边检查边问诊，还可在检查结束后补充提问，必要时可集中了解个别系统器官的机能状态和病理表现。

（三）问诊语言

问诊时语言应通俗易懂。尽量避免使用有特定意义的兽医学术语，如铁锈色鼻液、里急后重、潜血等；还应避免重复提问，注意提问的系统性和目的性，同时要全神贯注地倾听畜主的回答。

（四）综合分析

问诊时取得的所有病史资料都是兽医师以对话方式从畜主及有关人员处获得的，因此问诊时态度要诚恳和蔼，并尽可能用当地方言提问。以取得畜主的密切合作，并避免暗示性提问，从而获得全面的、准确可信的病史资料。对于问诊所取得的病史资料，应客观对待，既不能绝对肯定，又不能简单否定，应将病史资料与临床检查结果进行综合分析。如果病史资料与临床检查结果不符，则应重新检查，也可有针对性地向畜主再次询问。对于个别因为怕担负责任，而故意隐瞒真情，甚至伪造、谎报病史的，要善于启发诱导，解除其心理负担，使之说出实情。

（五）沟通的重要性

兽医师必须熟悉工作地区的自然环境、动物的饲养管理和使役等情况，熟悉当地群众习惯用的动物病名，通晓工作地区的方言甚至少数民族语言，这些都是兽医师做好问诊的基本要求。

（六）及时总结，不断提高

应把问诊看作是一种艺术，因此兽医师除了具有坚实的兽医学知识以外，还必须结合实际反复训练，才能较好地掌握问诊的方法与技巧。初学者往往会发生思维紊乱，语涩词穷，难以提出恰当问题或不知从何问起的情况，使问诊进展不顺利。因此，必须不断地总结经验，吸取教训，努力找出影响问诊的原因，予以解决，才能不断地提高问诊水平。

第二节 视诊

视诊是以视觉来观察患病动物全身状况或局部状态的诊断方法，包括用肉眼观察的直接视诊和借助于某些器械进行观察的间接视诊两类。广义的视诊还可以包括对 X 射线影像、超声显像、CT 等的观察以及畜群巡视。

一、视诊的应用范围

（一）直接视诊观察的主要内容

1. 患病动物的整体状态

包括精神状况、体格发育、营养状况、姿势、步态、运动、有无举止行为异常等，以获得对患病动物一般的印象。

2. 被毛与皮肤

被毛的光泽度、换毛状况、有无局部脱毛；皮肤的颜色，皮肤上有无创伤、溃疡、肿瘤及疱疹状变化；皮肤病理变化的部位、大小及特征。

3. 生理活动

包括呼吸运动、采食、咀嚼、吞咽、反刍、嗳气、排粪、排尿等。同时应注意有无呼吸困难、流鼻液、咳嗽、呕吐、流涎、腹泻、尿淋漓、瘫痪、肌肉痉挛等异常现象。

4. 可视黏膜

注意眼结膜、口腔黏膜、鼻黏膜、阴道黏膜的颜色，有无分泌物，分泌物的性状及其混合物；黏膜上有无糜烂、溃疡、赘生物、水疱、脓疱等病理变化。

5. 粪、尿性状

注意粪便的颜色、形状、稠度；有无染血、泡沫、伪膜及其他混杂物；尿液的颜色、透明度等。

（二）间接视诊

1. 口腔

对大动物可使用开口器，光线不佳时应戴上额反射镜。应注意有无龋齿、缺齿、锐齿、阶状齿、齿过度磨损及齿列不齐；唇、颊、腭、舌部黏膜颜色、有无异物、溃疡及疱疹状变化。对小动物可用压舌板，借助喉镜还可对咽喉

部进行检查。

2. 鼻腔

对大动物可用手指扩张鼻翼，对小动物可借助鼻镜进行鼻腔视诊。应注意鼻黏膜颜色、鼻液性状、有无异物和肿瘤等。

3. 耳腔

对大动物可借助额反射镜，对小动物需应用检耳镜进行视诊。应注意耳道内有无分泌物、脓液，鼓膜是否穿孔，局部有无红、肿、疼、痛等。

4. 眼

应注意眼结膜颜色、角膜透明度、有无翳斑；瞳孔形状、大小、位置、对光反应等；借助检眼镜检查眼底，重点观察视神经乳头、视网膜血管、黄斑区等。

5. 膀胱

借助膀胱内窥镜进行视诊，也可通过附带的微型照相机照相后观察。应注意黏膜有无病变，有无肿瘤、结石等。

6. 直肠

可应用直肠镜进行观察。应注意直肠黏膜状况，有无直肠脱垂、息肉、穿孔等异常表现。

7. 胃与气管

可借助纤维胃镜、气管镜等进行视诊，但兽医临床实际中尚未普及使用。

（三）畜群巡视

畜群巡视是贯彻“预防为主”的方针，加强畜群保健工作，保障现代化畜牧业健康发展的重要环节。它的任务有三个：第一，在畜群中早期发现患病动物，以便及时采取相应诊疗及防治措施，防止疾病蔓延；第二，随时发现饲养、管理、卫生防疫等方面的失误，及时改进，防患于未然；第三，如发现生产性能或繁殖力下降，可提出某些特殊检查，预见性地发现某种（些）疾病，尤其是营养代谢病和慢性中毒病的先兆，及时采取措施消除临床发病的隐患。畜群巡视应包括以下内容：

1. 畜群面貌观察

注意畜群中各个体的精神、营养状况、被毛、姿势、运动、食欲、饮欲、粪便性状等，以便对整个畜群的面貌有大概的了解。

2. 发现异常

特别注意有无流鼻液、咳嗽、流涎、流泪、局部脱毛、换毛延迟、异嗜、腹泻、转圈运动、共济失调、后躯瘫痪等异常表现及在畜群中的比例，及时处理并分析其产生原因。

3. 畜舍卫生状况

应注意畜舍内有无积粪、食槽及水槽内的饲料和饮水是否被粪便污染，畜舍内有无氨味及通风情况。

4. 饲料检查

包括饲料种类、品质、日粮组成，青绿饲料供应情况，使用的添加剂等。

5. 生产性能及繁殖力

结合问诊及观察生产记录、繁殖记录，了解生产性能下降、流产、屡配不孕等情况。

二、视诊的方法及注意事项

（一）视诊是接触患病动物，进行检查的第一个步骤

视诊是从畜群中早期发现患病动物的切实可行的诊断方法。因此，祖国医学将其列为“望、闻、问、切”四诊之首，并积累了极为宝贵的经验，为疾病的诊断提供了重要资料，临床工作者应认真钻研学习。如《元亨疗马集》“论马无疾者何也”一段中说：“马之无疾者，精神加倍也，料草增进也，皮毛光润也，呼吸平顺也，四肢轻健也，尿清粪润也，头尾不动也，轮歇后蹄也”。这就生动描述了一个健康马匹的形象：精神焕发，食欲良好，皮毛光泽，呼吸平稳，四肢轻健，粪尿正常，后肢交替休息；在“论马有疾者何也”一段中又说：“凡马有疾者，精神倦怠也，头低耳耷也，毛焦肷吊也，料草迟细也”。这就是一个病马活生生的形象：精神不振，头低耳耷，被毛粗乱，腹胁收缩，咀嚼迟缓。

（二）视诊是临床上不可忽略的检查方法

通过视诊不仅可了解患病动物的全貌，根据所发现的异常，为进一步检查提供重点和线索，而且在有的疾病，如破伤风、反刍动物瘤胃臌气、马肠臌气等，根据视诊即可做出初步诊断。

（三）视诊应在光线充足的场地进行

使役动物应先卸下鞍具等使役设备。一般先在离患病动物 1.5 ～ 2.0 m 处观察其全貌，然后围绕患病动物行走一圈，从前到后，从左到右，边走边看，观察的顺序为头、颈、胸、腹和四肢，走到正后方时稍停留一下，观察尾和会阴部，并注意两侧胸、腹及臀部的对称性，然后再转向前方。如发现异常，可稍靠近畜体，按相反方向再转一圈，对发现的变化做仔细观察。先观察其静止时的姿势变化，再行牵遛，观察有无步态及运动异常；先对患病动物全

身及局部进行直接视诊，而后对各腔体做间接视诊。

（四）视诊的内容十分广泛

疾病的临床表现又十分繁多，为了获得重要的诊断资料，防止出现“视而不见”的情况，临床兽医不仅应具有扎实的兽医学理论知识，而且要在实际中经常不断地锻炼和提高，积累临床经验。只有通过深入细致和敏锐的观察才能发现对建立诊断具有重要意义的临床资料。

第三节 触诊

触诊就是利用检查者的手或借助检查器具触压动物体，根据感觉了解组织器官有无异常变化的一种诊断方法。触诊主要是由检查者的手来完成的，而手的感觉以指腹和掌指关节部掌面的皮肤最为敏感，故多用这两个部位进行触诊。触诊可确定病变的位置、硬度、大小、轮廓、温度、压痛及移动性和表面的状态。

一、触诊的应用范围

（一）患病动物的体表状态

判断皮肤的温热度，有无皮温不均的现象；出汗状况和皮肤湿度；皮肤弹性（皮肤皱褶试验），皮肤及皮下组织的硬度，有无捏粉样感觉、波动感和气肿等异常；有无喉、气管、心区或胸壁震颤。

（二）浅表淋巴结

注意其位置、大小、形状、表面状况、硬度、温热度、敏感性及可移动性。

（三）心搏动

在心区感知其位置、强度、频率及节律。

（四）脉搏

判定脉搏的频率、性质及节律。

（五）腹壁

在牛、马等大动物主要是判定腹壁的紧张性和敏感性；在牛、羊等反刍动物还可判定瘤胃蠕动的强度及次数，瘤胃、真胃内容物性状；在羊、犬、猫等中小动物可通过深部触诊判定胃、肠、肝、脾、膀胱乃至子宫的状况；

应用冲击触诊法可判定是否存在腹水。

（六）直肠检查

用于动物内脏器官的触诊，是兽医临床上施行的一种独特触诊方法，对腹腔内部器官疾病的诊断有重要意义，如泌尿生殖器官、肝脏、脾脏、腹腔后部的肠管、腹膜和某些血管等。

（七）局部肿块

由视诊发现的局部肿块，应通过触诊进一步判定其位置、大小、形态、轮廓、温热度、内容物性状、硬度、敏感性及移动性等。

二、触诊的方法

（一）浅表触诊法

以一手轻放于被检部位，利用掌指关节和腕关节的协调动作，轻柔地进行滑动触摸。常用于体表浅在病变、关节、肌肉、腱及浅部血管、神经、骨骼的检查。

1. 体表温热度

应以手背进行，注意左右两侧、病变部与健康部、躯干与末梢部的对照检查。

2. 肿块硬度与性状

应以手指轻压或揉捏，根据触压后的感觉及出现的其他现象去判定。

3. 敏感性

以手抚摸或触压、揉捏，同时观察有否皮肌抖动、回顾、躲闪或抗拒反应。

（二）深部触诊法

常用于检查腹腔及内脏器官的性状及大小、位置、形态。根据畜别、被检查部位和检查内脏器官的不同，可采用不同的触诊手法。

1. 按压触诊法

以一手手掌平放于被检部位，轻轻按压，以感知其内容物性状，判定其敏感性，常用于检查胸、腹壁的敏感性及中小动物内脏器官内容物的性状。

2. 双手触诊法

以两手从左右或上下同时触压，以检查中小动物腹腔脏器及其内容物的性状。

3. 冲击触诊法

以拳或 3 ～ 4 个并拢的手指取 70° ～ 90° 角，置于腹壁相应的被检部位，做 2 ～ 3 次急速、连续、较有力的冲击，以感知腹腔内脏器官的性状和腹腔的状态。如在击后感到有回击波或振荡音，提示有腹腔积液，或靠近腹壁的胃囊（瘤胃、真胃等）、较大肠管内存有多量液状内容物。

4. 切入触诊法

以一指或几个并拢的手指，沿一定部位用力切入或压入，以感知内部脏器的性状和压痛点。

三、触诊常见的病变性质

（一）淀粉样变

触压时柔软，如生面团样，指压时形成凹陷或留有痕迹，除去手指后恢复缓慢，多见于皮下水肿，表明皮下组织内有浆液浸润。临床上常见于心脏疾病、肾脏疾病、血液疾病及营养不良等。常发生于眼睑、胸前、四肢、腹下等部位。

（二）波动性

触压病变部位时柔软而有弹性，指压不留痕，施以间歇性压迫，或将其一侧固定，从对侧加以冲击时内容物呈波动样改变，常见于脓肿、血肿、大面积淋巴外渗等，表明存在含有液体的囊腔。

（三）气肿

触压病变部位时柔软稍有弹性，有气体向邻近部位窜动的感觉，并可听到捻发音，常见于皮下气肿、气肿疽、恶性水肿等。

（四）坚实感

特征是触压病区时，感觉坚实致密，如触压肝脏一样，见于蜂窝织炎、组织增生及肿瘤等。

（五）坚硬感

特征为触压病变部位时感觉组织坚硬，如触压骨、石一样，常见于骨瘤、尿道结石等。

（六）疼痛

触压到疼痛部位或压痛点，患病动物出现回顾、踢腹、皮肌抖动、躲闪或抗拒动作。

（七）疝

触压柔软，内容物不定，常为气体、液体或固体，大小不定，可摸到疝孔和疝轮，常见于腹侧、腹下、脐孔或阴囊等部位。

四、触诊的注意事项

1. 首先应使动物安静。触诊必须是在视诊的前提下进行，触诊动作要轻，切忌粗暴。

2. 应注意安全。对患病动物尤其大动物需妥善保定，以防检查者受到伤害。

3. 触诊要对照检查。触诊应从健康部开始，逐渐向病变部移动，并遵循先远后近，先轻后重以及左右对照、病健对照的原则。

4. 当患病动物出现皮肌抖动及抗拒等反应时。应注意区分是由动物胆怯引起的生理性反应还是由疼痛引起的病理性反应。必要时可先将动物的眼睛掩盖，以避免发生不真实的反应。

5. 综合分析。触诊不是单纯地用手触摸或按压，必须手、脑并用，边触压边得出准确的判定。

第四节 叩诊

叩诊是对动物体表某一部位进行叩击，使之振动并产生音响，根据产生音响的性质去判断被叩击部位及其深部器官的物理状态，间接地确定该部位有无异常的诊断方法。叩诊时会产生由于动物不同部位及其深部器官质地、弹性和含气量的差别，不同频率、振幅及音色的音响。在病理情况下，受炎症、浸润、脏器臌气或变位等的影响，组织器官的上述物理状态发生改变，产生音响的性质也出现相应变化，这就是叩诊的物理学基础。

一、叩诊的应用范围

（一）胸壁

确定肺区界限，根据音响变化，确定肺脏有无气肿、炎症病症、脓肿、肿瘤及肺棘球蚴等，同时可判定有无胸腔积液、气胸等。

（二）心脏

确定心浊音区界限，以判定有无心扩张、心脏肥大、心包积液等。

（三）副鼻窦

判定有无炎症、蓄脓。

（四）胃肠道

确定胃肠道内容物的性状、含气量，推断某一器官的位置和大小，尤其是牛真胃左方移位时，根据左方瘤胃部本该呈浊音的部位出现含气体的脏器，确定真胃的位置。

（五）某些反射机能的检查

如跟腱反射、膝反射、蹄冠反射等的检查。

二、叩诊的方法

叩诊可分为直接叩诊法和间接叩诊法两种。

（一）直接叩诊法

以叩诊槌或弯曲的手指直接叩击动物体表某一部位的方法，称为直接叩诊法。由于动物体表的软组织振动不良，手指叩击的力量较小，直接叩诊法在发现异常方面不如间接叩诊法灵敏、准确，故其应用受到很大的限制，仅用于额窦、上颌窦、蹄部、气肿部疾病的诊断以及某些反射机能的检查。

（二）间接叩诊法

包括指指叩诊法和槌板叩诊法两类。

1. 指指叩诊法

指指叩诊法是检查者以左手的中指或食指紧贴于叩诊部位，作为板指，其他手指稍微抬起，勿与体表接触，以右手的中指作为叩指，叩击板指，即指端叩击左手中指第二指骨的前端，听取所产生的叩诊音响。

施行指指叩诊时，应以腕关节与指掌关节的活动为主，避免肘关节及肩关节参与运动。叩诊动作要灵活、短促，富有弹性。叩击方向应与叩诊部位的体表垂直。一个叩诊部位，每次只需连续叩击 2 ～ 3 下，如未能获得明确的印象，可再连续叩击 2 ～ 3 下，不宜不间断地连续叩击。每次叩击力量要均匀一致，不能忽轻忽重。叩击力量的轻重应视检查部位、病变性质、范围大小和位置深浅等具体情况而定，对范围小、位置浅表的病变或脏器，宜采用轻叩诊法；对范围大、位置较深的病变或脏器宜采用重叩诊法。叩诊应自上而下，从一侧至另一侧依次进行，并两侧进行对照与比较。

指指叩诊法具有简单、方便、不用任何器械的优点，但因叩击力量小，其振动与传导范围有限，只适用于中小动物，尤其是犬、猫、羔羊、仔猪的检查。

2. 槌板叩诊法

槌板叩诊法是利用叩诊板和叩诊槌进行的叩诊法。具体操作为：左手持叩诊板紧贴于被叩击的动物体表，右手持叩诊槌以腕关节上下活动的力量，垂直向叩诊板中部连续叩击 2 ～ 3 次，听取所产生的叩诊音响。

施行槌板叩诊法时，叩击的手法与指指叩诊法基本相同。强叩诊引起的组织振动可沿表面向周围传播 4 ～ 6 cm，向深部传播 6 ～ 7 cm。弱叩诊时振动向周围传播 2 ～ 3 cm，向深部传播 4 cm。一般来说，当病灶小、位置浅表以及要确定肺区界限等宜使用轻叩诊，对深在脏器与较大的病灶或动物体壁肥厚等宜用强叩诊。但应注意，用力过强的叩击，反而不能得到清晰的音响。槌板叩诊法的叩击力量强，振动扩散的范围大，主要用于牛、马、骆驼等大动物的检查，也可用于绵羊和山羊等中等体型动物的检查。

三、叩诊音

叩诊实际上是以叩击某物体后引起振动而产生声音的物理现象为基础。声音的性质取决于物体振动的频率、振幅的大小、持续时间的长短以及有无共鸣现象。音调的高低由振动频率决定，频率高者音调也高。声音的响度由振幅大小决定，振幅大者声音响。声音的持续时间由振动物体的大小与弹性决定，振动物体大和弹性好者持续时间长。有无共鸣现象决定了音色是鼓性还是非鼓性的。因此，叩诊音的高低、强弱、持续时间的长短受到被叩击部位及其深部脏器的致密度、弹性和含气量的多少，邻近器官的含气量和距离，叩击力量的轻重及脏器与体表的距离等因素的影响。在动物体表叩诊时通常能产生五种叩诊音，即清音、过清音、鼓音、半浊音和浊音。其中清音、鼓音和浊音是三种基本叩诊音，其余两种为过渡音响。过清音是清音与鼓音之间的过渡音响，半浊音是清音与浊音之间的过渡音响。

（一）清音

清音是频率每分 100 ～ 128 次，振动持续时间较长的音响，表明被叩击部位组织或器官有较大弹性，并含有一定量的气体，或者叩击部位邻近存在含气腔。清音是健康动物正常肺部的叩诊音，提示肺组织的弹性、含气量和

致密度均正常。

（二）鼓音

鼓音是类似敲击小鼓时的音响，其声音较清音强，持续时间亦较长，振动规则且产生共鸣，在叩击含有大量气体的空腔器官时出现。鼓音是健康牛瘤胃上 1/3 部（左肷部）与健康马盲肠基部（右肷部）的正常叩诊音。

（三）浊音

浊音是音调高、声音弱、持续时间短的叩诊音，表明被叩击部位的组织或器官柔软、致密、不含空气且弹性不良。浊音是健康动物厚层肌肉部位（如臀部）以及不含气体的心脏、肝脏等实质脏器与体表直接接触部位的正常叩诊音。

（四）过清音

过清音是介于清音与鼓音之间的过渡音响，音调较清音低，音响较清音强，极易听及。表明被叩击部位的组织或器官内含有多量气体，但弹性较弱。过清音是额窦、上颌窦的正常叩诊音。

（五）半浊音

半浊音是介于清音与浊音之间的过渡音响，表明被叩击部位的组织或器官柔软、致密、有一定的弹性，含有少量气体。半浊音是健康动物肺区边缘、心脏相对浊音区的正常叩诊音。

当被叩击部位及其深部器官的致密度、弹性与含气量等物理状态发生病理性改变时，其叩诊音也会发生相应的病理性变化。例如，正常肺组织的叩诊音为清音，当炎性渗出、实变、肿瘤、肺包虫等使肺组织变得致密、丧失弹性，不含空气，则会使叩诊音转为浊音。正常额窦部位的叩诊音为过清音，当炎性渗出物或脓液积聚，使窦腔内的空气丧失，则会使叩诊音转为浊音。当动物患肺气肿时，肺组织含气量增多，弹性减弱，叩诊呈过清音。

第五节 听诊

听诊是以听觉听取动物内部器官所产生的自然声音，根据声音的特性判断内部器官物理状态与机能活动的诊断方法，是临床上诊断疾病的一项基本技能和重要手段，在诊断心脏、肺脏和胃肠疾病中尤为重要。

一、听诊的应用范围

（一）心脏

听取心音，判定心音的频率、强度、性质、节律，有无心音分裂与重复，有无心杂音及心包摩擦音和心包拍水音。

（二）呼吸系统

听取喉呼吸音、气管呼吸音及肺泡呼吸音，判定正常呼吸音有无病理性改变，如增强、减弱或消失；是否出现病理性呼吸音，如啰音、捻发音、空瓮呼吸音、胸膜摩擦音等。

（三）消化系统

听取反刍动物的瘤胃、瓣胃、真胃和小肠蠕动音以及其他动物的胃肠蠕动音，判定其频率、强度及性质。

（四）其他

还可听取血管音、皮下气肿音、肌束颤动音、关节活动音、骨折断面摩擦音等。

二、听诊的方法

动物内部器官活动所产生的音响一般都很弱，因此听诊需要一个安静的环境，以免外界嘈杂声音的干扰。听诊时耳件的两耳塞与外耳道相接要松紧适当，体件要紧密地放在动物体表被检查部位，不可来回滑动，也不可用力紧压。同时，应避免听诊器的软管与检查者手臂、衣服、动物被毛及其他物体接触，以免产生杂音。检查者在施行听诊时应聚精会神，并同时观察动物的动作，如听诊肺部呼吸音时应注意观察呼吸运动。对于性情暴烈的动物，应注意人畜安全。

三、正常的听诊音响

（一）心音

由第一心音（心缩音）与第二心音（心舒音）组成。第一心音的音调较低，持续时间较长，声音的末尾拖长；第二心音的音调较高、短促，末尾突然终止。

（二）肺泡呼吸音

类似柔和的“夫、夫”音，在各种健康动物的吸气及呼气期均可听到，以吸气末期最清晰。

（三）瘤胃蠕动音

瘤胃蠕动音是由远到近逐渐增强，又由近到远逐渐减弱的沙沙声、吹风样或雷鸣声。声音逐渐增强时左肷部隆起，逐渐减弱时左肷部下陷。

（四）瓣胃蠕动音

瓣胃蠕动音是断续、细小的捻发音，常出现于瘤胃蠕动音之后，采食之后较为明显。

（五）小肠音

蠕动音似流水声或含漱音。

（六）大肠音

似远炮声或雷鸣音。

第六节 嗅诊

嗅诊是以检查者的嗅觉闻动物呼出的气体、排泄物及病理性分泌物的气味，并判定异常气味与疾病之间关系的诊断方法。嗅诊时检查者用手将患畜散发的气味扇到自己鼻部，然后仔细判定气味的特点与性质。

常见分泌物和排泄物的诊断意义：呼出气体、皮肤、乳汁及尿液带有似烂苹果散发出的丙酮味，常提示牛、羊酮病。呼出气体和流出的鼻液有腐败臭味，可怀疑支气管或肺脏有坏疽性病变；皮肤、汗液有尿臭味，常提示尿毒症；呼出气体和胃内容物散发出刺激性大蒜味，常见于有机磷农药中毒；粪便带腐臭味或酸臭味，常见于肠卡他和消化不良，腥臭味常提示细菌性痢疾；阴道流出带腐败臭味的脓性分泌物常提示子宫蓄脓或胎衣滞留。

第三章 一般检查

第一节 整体状态检查

体态是指动物的外貌形态和行为的综合表现。体态检查即观察动物的整体状态，这是接触病畜、着手检查的第一步。

一、体格、发育

体格状况一般根据骨骼、肌肉和皮下组织的发育程度及各部的比例关系来判定。通常用视诊，必要时用测量法。

体格可以分为体格强壮（发育良好）、体格中等（发育中等）及体格纤弱（发育不良）3 种类型。在判定体格时，必须考虑到由动物的品种特点造成的差异。体格检查，主要是了解发育程度，并对决定用药剂量具有实际意义。

体格发育良好的动物，体躯高大，结构匀称，四肢粗壮，肌肉丰满，胸部深广，给人以强壮有力的感觉。这些动物通常生产性能良好，抗病力也强。

体格发育不良的动物，体躯矮小，结构不匀称，肢体纤细，瘦弱无力，发育迟缓或停滞，一般是营养不良或慢性消耗性疾病所致。如仔猪患慢性传染病时，则发育不良、长期生长缓慢或成为僵猪，在同窝的仔猪中，其生长发育的差异非常显著。

体格发育中等的动物，其体格特征介于上述两者之间。

二、营养状态

营养状态表示动物机体物质代谢的总体水平。判定家畜营养状态的依据，通常是肌肉的丰满度、皮下脂肪的蓄积量以及被毛的状态。可将营养状态概括为良好、中等和不良。

营养良好的家畜（八九成膘），肌肉及皮下脂肪丰满，全身轮廓饱满，骨骼棱角不显露，被毛排列整齐并富有光泽，皮肤有弹力。但是，营养过度良

好会造成肥胖，影响生产性能。肥胖对于猪和肉牛属生理现象，对于役用马和军犬则为病态。

营养不良的家畜（五成膘以下），骨骼显露，肋骨可数，全身轮廓棱角突出，被毛粗乱无光泽，皮肤干燥而缺乏弹力。营养不良的家畜表现精神不振，躯体乏力。营养过度不良，则称为消瘦。严重腹泻、高热性传染病（如急性马传染性贫血），可导致急剧消瘦；饲料供应不足、慢性消耗性疾病（如慢性传染病、寄生虫病、长期消化不良）可导致进行性消瘦。

高度营养不良，并伴有严重贫血，称为恶病质，常是预后不良的指征。

营养中等的家畜（六七成膘），其体况特征介于上述两者之间。

三、精神状态

精神状态是动物的中枢神经系统机能活动的反映，可根据动物对外界刺激的反应能力及行为表现而判定。临床上主要观察病畜的神态，注意其耳、眼活动，面部的表情及各种反应活动。

兴奋是动物中枢机能亢进的结果，表现为对外界的轻微刺激作出强烈的反应，如常常左顾右盼、竖耳、刨地，甚至惊恐不安、挣扎脱缰、主动攻击人畜。

抑制是中枢机能另一种表现形式。轻则表现为沉郁，离群呆立，萎靡不振，耳耷头低，对周围反应冷淡；重则嗜睡、站立不动或卧地不起，给予强刺激才发生轻微反应，甚至昏迷不醒，可见动物意识不清。

兴奋和抑制是动物中枢神经系统机能活动的两个基本过程，二者互相依存、互相制约，保持着动态平衡，以维持动物机体内部与外界环境之间的统一。因此，健康动物姿态自然，动作敏捷而协调，反应灵活。在病理状况下，当动物的中枢神经系统机能出现障碍时，兴奋与抑制过程的平衡遭到破坏，临床上就表现为过度兴奋和抑制。

四、姿势、体态

姿势是指动物在相对静止或运动过程中的空间位置和呈现的姿态。各种家畜都保持其特有的生理姿势。健康马、骡终日站立，两后肢交换负重，偶尔伏卧时多侧卧并伸展四肢，遇人接近随即自动起立。健康牛采食后常前胸着地，四肢集于腹下伏卧，进行间歇性的反刍，有时用舌舔被毛，生人走近时，则后躯先起，再缓慢地站立。在病理状态下，常在动物站立、躺卧和运动时分别出现一些特殊的异常姿势，而这些姿势具有不同的诊断意义。

（一）强迫站立

患某些疾病的家畜，躯体被迫保持一定的站立姿势。如患破伤风的马，全身肌肉僵直，四肢开张站立，头颈平伸，尾根挺起，鼻孔开张，牙关紧闭，脊柱僵直，呈典型的木马样姿态；患胸腹炎时，由于胸壁疼痛，再加上胸腔积液对心脏及肺脏施予的压迫，导致呼吸困难，病畜常持久站立。如牛患创伤性网胃心包炎时，往往保持前躯高位、后躯低位的姿势。

（二）站立不稳

病畜站立的姿势不稳，一般见于疼痛性疾病和神经系统疾患。如马属动物患胃肠性腹痛病时，前肢刨地，后肢踢腹，头回顾腹部，起卧滚转。幼猪患伪狂犬病时，头颈歪斜，四肢叉开站立，摇摆欲倒。当动物四肢的骨骼、关节和肌肉发生疾患（如风湿症状、蹄叶炎）时，其站立也呈现不自然姿势，或将四肢集于腹下而站立，或四肢频繁交换负重，呈站立困难的姿势。

（三）强迫躺卧

动物被迫躺卧不起往往提示神经系统的损害，四肢骨骼、关节和肌肉的痛苦性疾患、高度衰竭。如乳牛产后瘫痪时，曲颈侧卧，并呈嗜睡或半昏迷状态。但要排除动物衰老、瘦弱或繁重使役造成的卧地不起。

五、运动、行为

步态检查，即让能走动的病畜进行牵遛运动（或跑动），观察其步样活动有无异常。健康动物在运步时，机体各部（特别是肢体）的动作协调一致，灵活自然。在临床上，患病动物表现在运动、行为方面的异常有：

（一）共济失调

在运动中四肢配合不协调而呈酒醉状，称共济失调。可见于脑脊髓的炎症、寄生虫病、某些中毒和营养代谢性疾病。

（二）盲目运动

病畜无目的地徘徊，直向前冲、后退不止或绕桩打转呈圆圈运动。常提示脑、脑膜充血，出血炎症，中毒性疾病等。

（三）跛行

由肢体带疼痛性疾病而引起的运动障碍，即跛行。应该详细观察病畜跛行的特点，并认真检查肢体，确定患肢及病性。

第二节 表被状态检查

被毛和皮肤检查，可以揭示内脏器官的机能状态（如根据皮肤水肿的特点来判断心、肾机能），发现早期诊断传染病的依据（如在猪的皮肤上发现隆起的红色疹块，就应考虑到猪丹毒），判定疾病性质（如根据皮肤弹性的变化，可了解脱水的程度），并作出决定性诊断（如根据皮肤的喷火口样溃疡，可以判定为马的皮鼻疽）。

对不同种属的动物，除注意其全身各部被毛及皮肤的病变外，还应仔细检查特定部位，如牛的鼻盘，鸡的肉冠、肉髯及耳垂等。被毛和皮肤的检查可用视诊和触诊。

一、被毛检查

检查被毛时应注意其生长的牢固性、光泽、长度、分布状况、纯洁度及季节性生理脱毛的规律。健康家畜，被毛整齐清洁，平滑而有光泽，每年春秋两季适时脱换新毛；健康家禽，羽毛排列整齐，富有光泽，多在每年秋末换羽。

当畜禽发生营养代谢障碍、慢性消耗性疾病时，可见被毛蓬松、粗乱，缺乏光泽，容易脱落，换毛季节推迟，甚至在非换毛季节大量脱毛。动物的局限性脱毛一般提示外寄生虫病（如螨病）。当在群畜中成片脱毛的家畜大批出现时，应进行疥螨病的确诊，也提示着皮肤病（如秃毛癣、湿疹）。如牛的头面部呈圆形、局限性的脱毛病变时，要考虑真菌毛癣霉引起的秃毛癣。另外，动物在缺乏一些营养物质时出现异嗜行为，常舔食自身或其他动物的被毛，或啄羽而造成局部脱毛，如羊的食毛症状和鸡的啄羽症。在鸡群中，发现多只鸡的肛门周围羽毛脱落，说明鸡群中有鸡患啄肛症。

二、皮肤颜色

皮肤颜色一般能反映出动物血液循环系统的机能状态及血液成分的变化。健康畜禽，如白猪、绵羊、白兔及禽类，皮肤没有色素，呈淡蔷薇色（即粉红色），容易检查出皮肤颜色的细微变化。马、牛及山羊等家畜（除白色的外），皮肤具有色素，辨认色彩的变化较为困难，一般检查其可视黏膜的色彩。

（一）皮肤苍白

皮肤苍白，一般是皮肤血液量减少或血液性质发生变化的结果。急性苍白，见于动物的外伤性大出血或脏器破裂导致的内出血；渐进性或较长时期的苍白，见于各种慢性贫血及慢性消耗性疾病等。

（二）皮肤黄染

皮肤呈现黄染，是血液中胆红素含量增多，在皮肤或黏膜下沉着的表现。见于各类肝病、胆管阻塞以及溶血性疾病等。

（三）皮肤发绀

皮肤呈蓝紫色，主要是血液中还原红蛋白的绝对值增多或血液中形成大量变性血红蛋白的缘故。检查时，轻者以耳尖、鼻盘及四肢末端较明显，重者可遍及全身各部位。

（四）皮肤的红色斑点及疹块

皮肤的红色斑点常由皮肤出血引起。皮肤小点出血，指压不褪色，常发于腹侧、腹内、颈侧等部位，为猪瘟的特征。皮肤有较大的充血性红色疹块，隆起呈丘疹状，指压褪色，可见于猪丹毒。

三、皮肤温度

皮肤的温度，通常是用感觉敏锐的手背或手掌触诊动物的躯干、股内侧等部进行判定。动物的皮温，依动物的种类和部位或气候、季节不同而有差别。健康动物的皮温，以股内侧为最高，头颈、躯干部次之，尾及四肢部最低。检查皮温时，应注意皮温分布的均匀性，并在相应对称部位对比进行判定。一般触诊的部位为：马的耳根、鼻端、颈侧、腹侧、四肢的系部；牛、羊的鼻镜、角根、胸侧、四肢下部；猪的鼻盘、耳、四肢；禽的冠、肉髯、脚爪。动物皮肤血管网的分布状况和皮肤散热机能是影响皮温的主要因素，皮肤温度也受外界气温的影响。

（一）皮温增高

皮温增高是皮肤血管扩张及血流加快的结果。全身性皮温增高，常见于一些热性病、心机能亢进、过度兴奋等。局限性皮温增高，则为局部组织的炎症变化，如皮炎、蜂窝织炎、咽喉炎等。

（二）皮温降低

皮温降低是血液循环障碍导致皮肤血管中血流灌注不足的表现，常见于心力衰竭、虚脱、中枢神经系统抑制等，如牛的产后瘫痪及酮血症。局限性皮温降低，见于该部皮肤及皮下组织的水肿、局部麻痹等。

（三）皮温分布不均（皮温不整）

皮温分布不均是皮肤血液循环不良或神经支配异常而引起局部血管痉挛的表现。一是成对器官或身体对称部位的皮肤温度冷热不匀，如一耳热一耳冷；一是末梢部的温度低于躯干部，见于心力衰竭和虚脱。

四、皮肤湿度

皮肤湿度与汗腺的分泌机能有密切关系。动物的种类不同，汗腺也有差异，马属动物的汗腺发达，牛、羊、猪、犬次之，禽类无汗腺。健康动物在安静状态下，汗液随时分泌、随时蒸发，皮肤表面有黏滑感。

（一）发汗增多

生理性泌汗增多，见于外界气温过高、动物处于使役及运动状态或处于兴奋及惊恐状态等。

动物发汗增加，被毛（羽毛）及皮肤湿润，甚至出现汗珠，常见于热性病（如猪肺疫）、高度呼吸困难（如肺炎）、剧烈疼痛性疾病（如疝痛、骨折）、肌肉兴奋性疾病（如破伤风）、循环障碍及药物作用。如果汗多而有黏腻感，同时皮温降低，四肢发凉，则称为冷汗，见于各种原因导致的心力衰竭、虚脱、休克，表现预后不良。

局限性多汗，如马一侧颈部出汗，可能是一侧交感神经或颈髓受损。

（二）发汗减少

发汗减少，表现被毛粗乱无光，皮肤干燥，缺乏黏腻感。见于机体脱水（如剧烈腹泻、呕吐）、发热后期、多尿症、慢性营养不良、饮水不足等。此外，瘦弱及老龄动物的皮肤湿度也会降低。

反刍兽（牛、羊、骆驼等）的鼻镜，猪的鼻盘及狗、猫的鼻端，由于有腺体分泌物，经常保持湿润，并有光泽感。在热性病及重度消化障碍时，则鼻部干燥，甚至龟裂。

五、皮肤弹性

皮肤的弹性与动物的品种、年龄、营养状况等有关。皮肤的液体含量（血液、淋巴液）、弹力纤维与肌纤维的特性、神经组织的紧张度是决定皮肤弹性的重要因素。健康动物，营养良好，体况优良，其皮肤均有一定的弹性。老龄动物的皮肤弹性减退属生理现象。

检查皮肤弹性的部位，牛在肋弓后缘或颈部，马属动物在颈部或肩后，小动物在背部。检查时，用手将皮肤捏成皱褶，然后放开，观察皮肤恢复原状的快慢。皮肤弹性良好，则立即恢复原状；皮肤弹性减退，则不易恢复原状。

皮肤弹性减退，见于慢性皮肤病（如螨病、湿疹）、营养不良、脱水及慢性消耗性疾病。在临床上把皮肤弹性减退作为判定动物脱水的指标之一。

六、皮肤及皮下组织肿胀

检查皮肤及皮下组织肿胀时，应从肿胀部位的大小、表面状态、内容物性状、硬度、温度、移动性及敏感性等方面进行判定。

（一）炎性肿胀

炎性肿胀可以局部或大面积出现，伴有病变部位的热、痛及机能障碍，严重者还有明显的全身反应，如原发性蜂窝织炎。

（二）皮下水肿

水肿部位的特征是皮肤表面光滑、紧张而有冷感，弹性减退，指压留痕，呈捏粉样，无痛感，肿胀界限多不明显。从临床角度，一般考虑营养性水肿、心性水肿、肾性水肿等。猪的颜面与眼睑的浮肿是水肿病的特征。牛的皮下水肿，常见于下颌、颈下、胸垂、胸下及腹下。

（三）皮下气肿

皮下气肿是空气或其他气体积聚于皮下组织内所致。其特点是肿胀界限不明显，触压时柔软而容易变形，并可感觉到气泡破裂和移动所产生的捻发音。

1. 窜入性气肿

体表皮肤移动性较大的部位（如腋窝、肘后及肩胛附近等）发生创伤时，由于动物运动使创口一张一合，空气被吸入皮下，然后扩散到周围组织，形成窜入性气肿。肺间质性气肿时，空气沿气管、食道周围组织窜入皮下组织，引起颈侧皮下气肿。

2. 腐败性气肿

由于厌气性细菌感染，局部组织腐败分解所产生的气体积聚于皮下组织，形成腐败性气肿。

（四）脓肿和淋巴外渗

脓肿、血肿和淋巴外渗属于动物皮下结缔组织的非开放性损伤。其共同特点是：在皮肤及皮下组织呈局限性（多为圆形）肿胀，触诊有明显的波动感。在必要时应进行穿刺以区别。

（五）象皮肿

由于皮肤和皮下组织患进行性慢性炎症，加上淋巴的淤滞，引起该部组织呈现弥散性肥厚而变硬结的状态，即象皮肿。象皮肿的特征：皮肤及皮下组织增厚而紧密愈着在一起，缺乏移动性，失去痛觉，肿胀的皮肤变得坚实，不能捏成皱褶，肿胀蔓延较宽阔，常发生在四肢，患肢变粗，形如象腿。

（六）疝和肿瘤

疝指肠管与腹膜一起从腹腔脱垂到皮下或其他生理乃至病理性腔穴内所形成的凸出的肿物。常见于腹壁、脐部及阴囊部。肿瘤，是在动物机体上发生异常生长的新生细胞群，形状多种多样，有结节状、乳头状、息肉状及囊状等。

七、皮肤疱疹

皮肤疱疹多由传染病、中毒病、皮肤病及过敏反应引起，是许多疾病的早期征候。

（一）斑疹

斑疹是皮肤充血或出血所致，局部变红，但并不隆起。用手指压迫红色即退的斑疹，称为红斑，可见于猪丹毒。密集的小点状红疹，指压时红色不退，可见于猪瘟和出血性疾病。

（二）丘疹

丘疹是皮肤乳头层发生浆液性浸润而形成的界限分明的隆起，粟粒至豌豆大小，呈圆形，突出于皮肤表面。在马患传染性口炎时，丘疹常出现于唇、颊部及鼻孔周围。

（三）痘疹

痘疹是动物痘病毒侵害皮肤的上皮细胞而形成的结节状肿物。痘疮的共同特征：呈典型的分期性经过，一般经由红斑、丘疹、水泡、脓疱最终结痂。

牛羊的痘疹常发于被毛稀疏的部位及乳房皮肤上，呈圆形豆粒状。

（四）水泡、脓疱

水泡多如豌豆大小，为内含透明浆液性液体的小泡，颜色因内容物而定，有淡黄色、淡红色或褐色。如反刍兽的口蹄疫和传染性水泡病，会在口、鼻及其周围和蹄趾部的皮肤上呈现典型的小水泡，并具有流行性特点。在猪的鼻镜、唇、舌、口腔、脚底、趾间隙和蹄冠等处中的一处或几处发生水泡，是猪水泡性疹的特点。

水泡内容物化脓，脓疱壁由于内容物性状不同而变为白色、黄色、黄绿色、黄红色，则为脓疱，见于痘疮、口蹄疫、犬瘟热等。

（五）荨麻疹

由于皮肤的角质层和乳头层发生浆液浸润，动物体表出现许多圆形或椭圆形、蚕豆大至核桃大、表面平坦的隆起，称荨麻疹。发展快，消失也快，并常伴有皮肤瘙痒。例如吸血昆虫刺螫、饲料中毒、过敏、消化道疾病（如胃肠炎）、传染病（如猪丹毒、痘疹）及寄生虫病（如马媾疫）都能引发荨麻疹。

八、皮肤创伤与溃疡

（一）溃疡

溃疡指由于机械性压迫、化学制剂的腐蚀溶解、循环障碍、炎症等因素，引起组织坏死并进一步剥离或溶解而形成的组织的缺损状态。溃烂边缘界限清楚，表面污秽不洁，并伴有恶臭，见于创伤、传染病、皮肤病等。例如马的皮鼻疽，常在唇部、鼻孔周围及四肢内侧的皮肤，发生边缘不整齐并略隆起呈喷火口状、底面呈猪脂样灰白色的深浅不等的溃疡。

（二）褥疮

骨骼的体表突出部位因病畜长期躺卧而受压迫，造成血液循环障碍，使这些部位的皮肤及皮下组织坏死溃烂，形成褥疮。

（三）瘢痕

皮肤的深层组织因创伤或炎症受到损害，经结缔组织增生修复后留下痕迹，称为瘢痕。一般表面平滑，大小不等，隆起或凹陷。瘢痕面的特征是：覆盖上皮较正常薄，没有乳头结构，缺乏被毛、皮脂腺和汗腺。例如马的皮

鼻疽结节，溃烂修复后在皮肤表面留下星芒状的瘢痕。

九、体表及皮肤的战栗与震颤

在进行动物表被状态检查时，经常可见病畜肢体皮肤的战栗与震颤。皮肤的战栗常见于肘后、肩部、臀部肌肉，严重时可以涉及全身。2～3日龄仔猪的全身痉挛，提示新生仔猪低血糖症。

第三节 可视黏膜检查

可视黏膜检查包括对眼结合膜、鼻腔、口腔及直肠黏膜的检查。可视黏膜检查不仅能了解黏膜本身的局部变化，还有助于了解全身血液循环状态及血液成分的改变，在诊断和预后方面都具有重要意义。在一般检查时，只做眼结膜检查，其他部位的可视黏膜检查，分别在相应器官系统检查中进行。

一、眼结膜检查的方法

检查动物的眼结膜，应先将眼睑翻开，其方法因动物种类而不同。

（一）马的眼结膜检查法

检查者站立于马头部方向一侧，一手持笼头，另一手（检查左眼时用右手，检查右眼时用左手）的食指第一指节置于上眼睑中央的边缘处，用拇指将下眼睑拨开，结膜和瞬膜即露出。

（二）牛的眼结膜检查法

牛的眼结膜检查，主要观察其巩膜的颜色及血管情况。检查者站立于牛头方向的一侧，将同侧手握住鼻中隔，并向检查者的方向牵引，另一手握牛角，用力向另一方向推，使头转向侧方，即可露出结膜和巩膜。也可两手分别握住牛的两角，将头向侧方扭转。

（三）其他动物的眼结膜检查法

羊、猪、犬等中小动物的眼结膜检查并无固定的方法，一般将上下眼睑打开进行检查即可，操作时应将动物保定可靠，以防被动物咬伤。

眼结膜检查，宜在自然光线下进行，便于准确判定眼结膜的颜色。检查时应对两眼进行比较，必要时还可与其他部位的可视黏膜进行对照。

二、眼结膜检查的项目

（一）眼睑及分泌物

一般老龄、衰弱的动物有少量分泌物。如果从结膜囊中流出较多浆液性、黏液性或脓性分泌物，往往与侵害黏膜组织的热性病和局部炎症有关。眼结膜肿胀是炎症所引起的浆液性浸润和淤血性水肿所致。

（二）眼结膜的颜色

健康动物的眼结膜多呈粉红色，牛眼结膜的颜色比马淡，猪则较深。在病理情况下的颜色变化包括以下方面：

1. 潮红

眼结膜的毛细血管高度充血，即潮红。弥漫性潮红时，眼结膜呈均匀鲜红色，这是血管运动中枢机能紊乱及外周血管扩张的结果，见于热性病、呼吸困难、中毒等。眼结膜血管树枝状充血时，小血管高度扩张，血液充盈，血管呈树枝状，见于高度血液循环障碍的心脏病、脑炎等。

2. 苍白

苍白是全身或头部循环血液量减少，以致局部组织器官的血液供给和含血量不足的结果。因程度不同，眼结膜呈淡红色或红白色、黄白色等，见于贫血、末梢血管痉挛（如惊恐、受寒冷刺激）和虚脱。

3. 发绀

下列因素可致发绀：

（1）动脉血的氧饱和度不足（低氧血症）。见于上呼吸道阻塞的疾病、肺呼吸面积明显减少的疾病（如肺炎、肺水肿等）。因血液在肺部氧合作用不足，导致血液中氧合血红蛋白含量降低。

（2）缺血性缺氧。全身性淤血时，因血流缓慢，血液流经组织中毛细血管时，脱氧过多；严重休克时，心输出量大大减少，外周循环缺血缺氧，黏膜呈青灰色。

（3）血液中出现多量的异常血红蛋白衍生物（如高铁血红蛋白）。

4. 黄疸

黄疸指结膜呈不同程度的黄染，易表现于巩膜及瞬膜处，这是胆色素代谢障碍使血液中胆红素浓度增高所致。引起黄疸的常见病因有：

（1）肝实质发生病变，可见于实质性肝炎。

（2）胆受阻塞，可见于胆结石、肝片吸虫病。

（3）红细胞被大量破坏，如牛的血红蛋白尿症。

5. 出血点、出血斑

出血点、出血斑常见于败血性传染病、出血性质的疾病。

第四节 浅在淋巴结及淋巴管检查

淋巴结是动物防御机构的重要组成部分，并且有一定的分布位置、淋巴引流区域和方向，因此它们的变化对判断传染源的侵入途径及扩散经过很有价值。同时，淋巴结的变化特征对传染病的定性也具有一定意义。用视诊和触诊进行检查，必要时也可借助于穿刺。检查时要注意其位置、大小、形状、硬度、敏感性及移动性等。

临床检查时，通常应注意几个主要的浅在淋巴结，如下颌淋巴结、咽淋巴结、肩前淋巴结、膝上淋巴结及腹股沟浅淋巴结等。

一、体表淋巴结的位置及检查方法

（一）下颌淋巴结

牛的下颌淋巴结呈卵圆形，位于下颌间隙的后部，马则位于下颌间隙稍后方。检查时，一手抓住笼头，另一手插入下颌间隙沿下颌支内侧前后滑动，即可触到卵圆形蚕豆大的淋巴结。猪的下颌淋巴结一般每侧有两个，位于下颌骨后下缘的内侧，肥猪不易触到。

（二）咽淋巴结

咽淋巴结分为咽旁淋巴结和咽后淋巴结。马的咽旁淋巴结位于咽侧面的上部、咽囊的下方，正常时不易摸到。马、牛的咽后淋巴结位于咽的后方。

（三）肩前淋巴结（颈浅淋巴结）

马的肩前淋巴结位于肩关节前方、臂头肌深部，呈长条状。检查时，一手抓住笼头，另一手除拇指外四指并拢，用力向肩关节前方的臂头肌间隙伸入，然后向外滑动，即可感到圆条状而坚实的淋巴结在手指下方滚动。牛的肩前淋巴结位于冈上肌前缘。检查时，用手指在肩关节的前上方沿冈上肌前缘插入并前后滑动，即可触到圆滑坚实的淋巴结。猪的肩前淋巴结位于肩关节前上方、胸深前肌前方，通常呈卵圆形，肥猪不易触到。

（四）膝上淋巴结（股前淋巴结）

膝上淋巴结（股前淋巴结）位于髋结节和膝关节之间，股阔筋膜张肌的前方。触诊动物的膝上淋巴结时，站在动物的侧方，面向动物的尾方，一手放于动物的背腰部作支点，另一手放于髋结节和膝关节的中点，手指沿股阔筋膜张肌的前缘前后滑动，即可触到较坚实、上下伸展着的条柱状的淋巴结。犬没有这个淋巴结。

（五）腹股沟浅淋巴结

公畜的腹股沟浅淋巴结又称阴囊淋巴结。位于骨盆壁腹面、大腿内侧、精索的前方和后方。

母马和母牛的腹股沟浅淋巴结，又称乳房上淋巴结，位于乳房座与腹壁之间。检查时，先判定乳房座，然后在乳房座附近用手把皮肤和疏松的皮下组织做成皱襞，可感到稍坚实的淋巴结。

二、淋巴结的病理变化

淋巴结的病理变化主要表现为急性肿胀、慢性肿胀及化脓。

（一）急性肿胀

急性肿胀为腺实质发生炎症，通常体积明显增大，表面光滑，触之发热并敏感，质地坚实，活动性受限，见于局部感染及某些传染病，如马腺疫、流行性感冒等。上呼吸道感染时，下颌淋巴结常发生急性肿胀。

（二）慢性肿胀

淋巴结变得坚硬，表面凹凸不平，无热无痛，无移动性。多提示慢性传染病（如乳房结核时可影响到乳房上淋巴结）和白血病。

（三）化脓

淋巴结在初期肿胀的基础上增温而敏感，明显隆起，皮肤紧张，渐有波动。随后皮肤变薄，被毛脱落，破溃后排出脓液。如马下颌淋巴结的化脓性炎症为马腺疫的特征。

分布于体表的淋巴管，在正常情况下是看不到的。当病原体沿淋巴径路扩散时，可见淋巴管肿胀、变粗甚至呈绳索状，多见于马属动物的皮鼻疽和流行性淋巴管炎。

第五节 体温测定

哺乳类动物及禽类属于恒温动物，均具有发达的体温调节中枢及产热散热装置。因此，它们能在外界不同温度条件下，经常保持着恒定的体温，一昼夜的温差不超过1摄氏度。测量体温，对判定发病过程、早期诊断、推断预后及验证疗效具有重要意义。

一、正常体温及影响因素

家畜（禽）在生理条件下，一般保持着恒定的体温，并有一定的变动范围。

健康动物的体温会受一些生理因素的影响而出现一定幅度的变动。这些因素包括以下方面：

动物年龄：通常同种家畜的幼龄阶段的体温较成年的体温为高。如犊牛的体温可达40.0℃，比成年牛高0.5～1.0℃。

动物的性别、品种、营养及生产性能：各种动物的母畜在妊娠后期体温较平时稍高。如奶牛分娩前的体温可达38.0～40.0℃；母猪在妊娠后期的体温比空怀母猪高出0.2～0.3℃；高产奶牛的体温比低产奶牛平均高出0.5～1.0℃；肥猪的体温比架子猪稍高。

动物的机能状态：动物在兴奋、运动、使役时以及进行采食、咀嚼活动时，其体温暂时升高0.1～0.3℃。

外界气候条件（温度、湿度及风力等）和地区性特点：早晨动物体温较低，而下午稍高；夏季时动物的体温稍高，在冬季则稍低；不同地区的动物体温也存在差异。

二、测定体温的方法

（一）马的体温测定法

测温前，先将兽用体温计拿在手中，甩动手腕，使体温计的水银柱降至35.0℃以下，然后涂上润滑剂备用。在确切保定家畜的情况下，测温人站在马臀部左侧，用左手将马尾提起置于臀部固定，右手拇指和食指持体温计，先以体温计接触肛门部皮肤，以免动物惊慌骚动，然后将体温计以回转的动作稍斜向前上方缓缓插入直肠内。将固定在体温计后端的夹子夹住尾部的被毛，将马尾放下。3～5 min后取出体温计，用酒精棉球擦去黏附的粪污物后，观察水银柱上升的刻度数，即实测体温。测温完毕，应将水银柱甩下，保存备用。

（二）牛的体温测定法

检查者应站在牛的正后方，左手将尾略向上举，右手持体温计插入直肠内测定。

（三）猪的体温测定法

检查者接近猪时，可先用手轻搔其背部，使之安静站立或躺卧后，一手提尾，一手将体温计插入直肠内。对性情暴躁的猪，应妥善保定后再进行测温。

（四）家禽的体温测定法

对禽类通常测其翼下的温度或在泄殖腔内测温。

测温的注意事项：新购进的体温计在使用前应该进行矫正（一般放在35.0～40.0℃的温水中，与已矫正过的体温计相比较，即可了解其灵敏度）；待就诊病畜进行适当休息后再行测温；测温时应确保人畜安全；体温计插入的深度要适当，大动物可插入全长的2/3，对小动物则不宜插得过深，以免损伤直肠黏膜；对住院或检疫的动物应定时测温，分别在每日早7～9时、下午4～6时测温，并逐日绘制体温曲线表；当直肠蓄粪时，应促使粪便排出后再行测温；患肛门弛缓、直肠黏膜炎及其他直肠损害的动物，为保证测温的准确性，对母畜可在阴道内测温（较直肠温度低0.2～0.5℃）。

三、体温的病理变化

（一）发热

由于热源性刺激物的作用，体温调节中枢的机能发生紊乱，产热和散热的平衡受到破坏，产热增多而散热减少，从而体温升高，并呈现全身症状，称为发热。

1. 热候

发热时除体温升高外，还伴有其他的临床征候群，称为热候。动物机体的发热是一种复杂的全身性适应性防御反应。轻度发热，由于吞噬作用增强，抗体形成加快，白细胞中酶的活性提高，肝脏解毒机能旺盛，会对机体产生良好的作用。但异常高热或持久微热，必然对机体的各器官系统造成危害。

2. 发热的分期

发热的过程一般分为3个时期，但因致病因素和疾病类型不同，各期长短不一。

（1）体温上升期。这是疾病初期体温不断上升的阶段。由于物质代谢加强，产热增加，同时也因末梢血管的痉挛，汗分泌停止，散热显著减少。

（2）高温持续期。这是体温升高后的持续阶段。由于机体的末梢血管扩张，产热和散热同时增强，动物的皮肤呈现潮红。

（3）体温下降期。这是体温由高温恢复到正常的阶段。由于致热原的作用解除，皮肤血管扩张而散热加强，动物泌汗、排尿恢复正常，体温随之逐渐下降。

体温迅速下降，在数小时内降为常温的称骤退，如马传染性贫血；体温缓慢下降，经数日降至常温的称渐退，如渗出性胸膜炎。

3. 发热的类型

发热可按病理长短、发热程度以及体温曲线波形来进行分类。

（1）根据发热病程长短划分。

①急性发热。发热持续1～2周，常见于急性传染病，如炭疽、马腺疫、传染性胸膜炎、肺炎等。

②亚急性发热。发热持续3～6周，可见于多种急性传染病。

③慢性发热。发热持续数月甚至1年以上，多见于慢性传染病，如慢性马传染性贫血、牛结核、猪肺疫等。

④一过性发热。又称暂时热，发热仅持续1～2天，常见于对畜（禽）预防注射后的轻度体温反应。

（2）根据发热程度划分。

①微热。体温升高超过正常体温0.5～1.0℃，见于局部炎症和一般消化障碍。

②中热。体温升高1～2℃，见于一般性炎症过程，亚急性、慢性传染病，如胃肠炎、马鼻疽、支气管炎、牛结核等。

③高热。体温升高2～3℃，见于急性传染病和广泛性炎症，如炭疽、口蹄疫、猪瘟、败血症。

④过高热。体温升高3℃以上，常见于重剧的急性传染病，如急性马传染性贫血、脓毒败血症。

（3）根据体温反应的曲线波型分类。许多热性病都具有特殊的体温曲线，这对疾病的鉴别诊断具有一定意义。

①稽留热。高热持续3天以上，每昼夜的温差在1℃以内。见于传染性胸膜肺炎、中肺疫、大叶性肺炎、马胸疫、猪瘟等。

②弛张热。体温每昼夜内的变动范围为 1 ～ 2℃或 2℃以上，而不降到常温。见于许多化脓性疾病、小叶性肺炎、败血症。

③间歇热。在疾病过程中，发热期和无热期交替出现，发热期短，而无热期不定。见于马传染性贫血、血孢子虫病等。

④回归热。与间歇热相似，但发热期与无热期均以较长的间隔期交互出现。见于亚急性或慢性马传染性贫血等。

⑤不定型热。体温曲线无规律的变化，发热的持续时间长短不定，每日温差变化不等。见于牛结核病、慢性猪瘟、副伤寒等。

（二）体温低下

机体散热过多或产热不足，导致体温降至常温以下，称为体温低下（体温过低）。老龄动物、冬季放牧的家畜会出现体温低下。病理性低体温见于休克、心力衰竭、中枢神经系统抑制（如脑炎、中毒、全身麻醉）、高度营养不良、严重贫血、衰竭及濒死期等。

第六节 脉搏数测定

检测脉搏可以了解心脏活动机能及血液循环状态的概况，在判断病性、推测预后和制定合理的治疗措施等方面相当重要。

一、正常脉搏数及影响因素

（一）健康动物的脉搏数

健康动物脉搏数见表 3-1。

表 3–1 健康动物脉搏数

动物种类	脉搏数（次 / 分）	动物种类	脉搏数（次 / 分）
马	26 ～ 42	猪	60 ～ 80
骡	42 ～ 54	犬	70 ～ 120
驴	40 ～ 50	猫	110 ～ 130
黄牛、奶牛	50 ～ 80	兔	120 ～ 140
水牛	30 ～ 50	鹿	36 ～ 78
骆驼	30 ～ 60	貂	90 ～ 180
绵羊、山羊	70 ～ 80		

（二）影响脉搏数发生变化的因素

外界环境条件及动物本身的生理因素均能引起脉搏数的改变。

1. 外界因素的影响

外界气温升高或海拔高度上升，动物的运动、使役和采食活动，动物受刺激而引起兴奋与恐惧等，一般都会出现脉搏数一时性增多。

2. 动物年龄的影响

一般幼龄时期的动物的脉搏数比成年动物的多，如成年马仅为 30 ～ 45 次 / 分，而 1 岁龄驹为 45 ～ 60 次 / 分，6 月龄驹则为 60 ～ 80 次 / 分，新生幼驹可达 80 ～ 100 次 / 分。

3. 动物种类、性别、品种、生产性能的影响

脉搏数通常是公畜少而母畜多，重型品种少而轻型品种多。如公黄牛为 36 ～ 60 次 / 分，而母黄牛可达 60 ～ 80 次 / 分；高产奶牛的脉搏数比低产奶牛的多，特别是在泌乳盛期。

二、检查脉搏的方法

用触诊法检查脉搏数时，用食指、中指及无名指的末端置于动物的浅表动脉上，先轻触再逐渐施压，便可感受其搏动。因动物种类不同，选择的部位也不同。对马属动物可利用下颌骨（下颌切迹）内侧的颌外动脉；对牛可利用尾中动脉；对小动物可利用股动脉；对猪、禽则用心脏听诊代替。

马属动物的脉搏检查法：检查者站在马头部方向的一侧，一手握住笼头，另一手的拇指置于下颌骨外侧，食指、中指伸入下颌支内侧，在下颌支的血管切迹处前后滑动，触到血管后用指轻压，然后计每分钟的次数。

牛的脉搏检查法：检查者站在牛的正后方，左手抬起牛尾，右手拇指放于尾根部的背面，食指、中指在距尾根约 10 cm 处的腹面触诊。

检测脉搏时，应待动物安静后或妥善保定动物后进行，注意人畜安全。当脉搏过弱，用触诊法难检查时，可听取心音次数判断病情。

三、脉搏数的病理变化

（一）脉搏数增多

脉搏数增多是心脏机能活动加快的结果。主要见于以下各病：

1. 热性病

动物机体发热时，由于血液过热，病原体的毒素刺激心脏血管活动中枢，

引起交感神经兴奋或迷走神经抑制，从而出现快脉，如炭疽、口蹄疫、牛肺疫、猪瘟、胃肠炎等。一般体温每升高1摄氏度，脉搏数增多4～8次。在热性病过程中，如脉搏数增多的同时体温反而下降，则提示预后不良。

2. 心脏病

由于心脏疾患（如心肌炎、心包炎），心肌收缩力减弱而代偿机能加强，或各种致病因素刺激窦房结，都可使脉搏数增多。

3. 呼吸器官疾病

呼吸器官的疾患（如肺炎、胸膜炎）引起肺内气体交换障碍，血液中氧气缺乏或二氧化碳增多，并作用于主动脉体和颈动脉体的化学感受器，反射性地引起心搏动加快。

4. 血管张力减低或血压下降的疾病（如失血、休克、严重贫血、脱水、血管运动中枢麻痹等）

由于动物机体血容量不足，血压下降，颈动脉窦和主动脉弓的压力感受器所接受的刺激减弱，通过窦神经和主动脉神经传至延髓的冲动减少，心抑制中枢的兴奋减弱而心加速中枢的兴奋加强，于是交感神经传出的冲动增加，通过肾上腺髓质激素的作用，使心搏动加快加强。

5. 伴有剧烈疼痛的疾病

某些伴有剧烈疼痛的疾病（如马疝痛、骨折、蹄叶炎），由于机械性刺激和致痛物质刺激痛觉感受器，反射性地引起心搏动加快。

6. 中毒性疾病或药物作用

见于有毒植物中毒（如毒芹中毒）、治疗不当引起的药物中毒（洋地黄、阿托品中毒）等。

脉搏数增多不仅是诊断的重要依据，对判断预后也具有重要意义。一般认为，脉搏数比正常增加一倍以上，则表示疾病严重。如马的脉搏数达80次/分，说明疾病较重；超过100次/分，反映病情严重；增加到120次/分，提示病势危重。

（二）脉搏数减少

脉搏数减少是心脏活动减慢的指征，主要见于以下疾病：

1. 颅内压增高的疾病（如慢性脑积水、脑肿瘤）

颅内压升高，引起迷走神经中枢的兴奋，使脉搏数减少。

2. 毒物和药物中毒

这类疾病包括有毒植物（大戟、夹竹桃等）中毒、药物（洋地黄等）中毒和自体中毒（尿毒症、胆管阻塞造成的胆血症等）。

3. 心脏传导阻滞

如马慢性过劳时的慢脉与此有关。

第七节 呼吸数测定

动物在呼吸运动时由吸气和呼气两个阶段组成一次呼吸，通常测定 1 分钟内的呼吸次数。

一、正常呼吸数及影响因素

健康动物在安静状态下，其呼吸数在单位时间内的变动有一定范围。

（一）健康动物的呼吸数

见表 3-2。

表 3–2 健康动物的呼吸数

动物种类	呼吸数（次 / 分）	动物种类	呼吸数（次 / 分）
马、骡、驴	8 ～ 16	犬	10 ～ 30
黄牛、奶牛	10 ～ 30	猫	10 ～ 30
水牛	10 ～ 50	兔	50 ～ 60
骆驼	6 ～ 15	貂	30 ～ 50
绵羊、山羊	12 ～ 30	鹿	15 ～ 25
猪	18 ～ 30	鸡、鸭、鹅	15 ～ 30

（二）影响呼吸数变化的因素

影响呼吸数生理性变动的因素通常有以下几个方面：

1. 畜别、品种、性别、年龄、体质及营养状态

一般母畜的呼吸数比公畜多，幼畜比成年畜多。母畜的呼吸数在妊娠期增多。

2. 动物的生产性能及所处状态

高产奶牛的呼吸数较肉牛、役用牛为多；动物在运动、使役时的呼吸数比平静时为多。

3. 外界环境中温度、湿度和地理特点

炎热夏季，动物的呼吸数显著增多，特别是被毛密集、皮肤较厚及皮下脂肪组织发达的动物（如绵羊、肥猪）。在海拔 3 000 m、气温 20℃以上时，

马、骡的呼吸数可增加 2 ～ 3 倍。

二、呼吸数的检查方法

测定呼吸数必须在动物处于安静状态下时进行。具体方法：检查者站在动物的前侧方或后侧方，观察不负重的后肢那一侧的胸腹部起伏运动，一起一伏为一次呼吸动作；将手背放在鼻孔前方的适当位置，以感觉呼出的气流（在冬季还可看到呼出的气流），呼出一次气流，即为一次呼吸动作；观察鼻翼的开张度；听取气管呼吸音或肺泡呼吸音来计算呼吸数。

对家禽可观察肛门下部的羽毛起伏动作来计算呼吸数。

三、呼吸数的病理变化

（一）呼吸数增多

呼吸数增多，称呼吸急促。能引起动物脉搏数增多的疾病往往也能引起呼吸数增多，如热性病。高温、病原微生物及其毒素作用使呼吸数增多。

呼吸器官疾病。当上呼吸道狭窄、呼吸面积变小（如肺炎、肺水肿）时，血液氧合作用不全导致低氧血症或碳酸过多症，遂发生呼吸加快。

心脏病和血液病。与心力衰竭时引起的小循环淤血或血红蛋白含量、性状异常有关。

伴有疼痛的疾病引起的反射性呼吸加快。

中枢神经系统兴奋性升高的疾病。如脑炎、脑充血。

呼吸运动受阻。与膈活动受限（如膈麻痹、膈破裂）、腹压升高（如胃肠臌气、腹水）、胸壁损害（如胸膜炎、肋骨骨折）密切相关。

（二）呼吸数减少

使呼吸数减少的因素有颅内高压症（如脑炎、脑肿瘤、慢性脑积水）、上呼吸道狭窄（由于吸气延长，吸气动作的反射性抑制随之延缓，干扰了正常的肺牵张反射）、酸中毒、药物作用（如麻醉药中毒）等。

体温、脉搏、呼吸数等生理指标的测定，是临床诊疗工作的常规内容，对任何病例都应认真实施。可将体温、脉搏和呼吸数的记录绘成一份综合的曲线表，便以分析病情的变化。在一般情况下，体温、脉搏和呼吸数的变化一致，当体温升高时，脉搏和呼吸数相应地也会增加，反之亦然。但在特殊情况下，体温变化和脉搏变化也可能不一致。如患高热的病畜，当其体温突然急剧下降时其脉搏数反而上升，出现了体温曲线与脉搏曲线相互交叉的现象，这多为预后不良的征兆。

第四章　心脏血管系统检查

第一节　心脏检查

一、心搏动检查

在心室收缩时，由于心肌的急剧紧张，心脏的横径增大而纵径缩短，并沿其长轴稍向左方旋转，这时，左心的心尖部撞击胸壁，而引起相应部位的胸壁发生振动，称作心搏动。

（一）心搏动检查的方法

心搏动检查一般在动物右侧进行。对各种动物来说，能觉察到心搏动的部位并不完全相同。马的心搏动，在左侧胸廓的下 1/3 处的第 3 ～ 6 肋间，而以第 5 肋间下 1/3 的中央处最为明显；牛的心搏动，在左侧肩关节水平下 1/2 处的第 3 ～ 5 肋间，而以第 4 肋间最为明显；羊的心搏动部位基本上与牛相同；犬、猫的心搏动，在左侧第 4 ～ 6 肋间胸廓的下 1/3 处，而以第 5 肋间最为明显。

一般通过视诊和触诊检查心搏动。视诊时，健康的大动物只能看到相应心区的被毛发生轻微颤动，而小动物（如犬）可见相应心区的胸壁发生有节律的跳动。触诊大动物时，检查者的右手放在被检动物的鬐甲部作支点，左手手掌平放在动物肘头后方 2 ～ 3 cm 处的胸壁上，感知心搏动的状态。健康马能感觉到的心搏动范围约为 4 ～ 5 cm^2；对牛进行检查，可将左手掌深深插入肘头与胸壁之间，用力触压。对小动物（犬、猫）进行检查，先由助手握住动物左前肢并向前方提举，然后检查者再将左手掌置于心区进行触诊，必要时，检查者可用双手同时从两侧胸壁进行触诊。

检查心搏动时，应注意其强度、位置、频率各方面的变化。心搏动的强度主要受心脏的收缩力量、心脏大小与位置、胸壁厚度、心脏与心壁之间的介质状态等因素的影响。因此，在考虑是否存在异常的心搏动时，必须要排除正常条件下一些因素（如营养状况、年龄、神经类型、使役与运动、兴奋与恐惧等）对心搏动强度的影响。

（二）异常的心搏动

1. 心搏动增强

触诊时感到心搏动强而有力，并且区域扩大，这一般是由心脏机能亢进的疾病引起的，主要见于热性病初期、心脏病（如心肌炎、心内膜炎、心包炎）的代偿期、贫血性疾病及伴有剧烈疼痛的疾病。此时，造成心搏动增强的原因：心肌收缩力加强，心脏的紧张源性扩张和肌源性扩张，心脏肥大，心包容积增大（如心包炎）。心搏动过度增强，并伴有整个体壁的震动，称为心悸。

2. 心搏动减弱

触诊时感到心搏动力量减弱，并且区域缩小，甚至难以感知，这一般是由心肌收缩无力的疾病（见于心脏的代偿机能降低时）、胸壁与心脏之间的介质状态改变（见于胸壁水肿、胸膜炎、胸腔积液、慢性肺泡气肿、心包炎等）引起的。

二、心脏叩诊

通过心脏叩诊，可以判定心脏的大小、形状及其在胸腔内的位置，并能判断出心区是否出现敏感反应。

（一）心脏叩诊的方法

对大动物（马、牛）进行心脏叩诊时，可先将其左前肢向前牵引。马的心脏叩诊采用垂直叩诊法，即沿着肋间从上向下叩诊，先从第 3 肋间开始，依次沿第 4、5、6 肋间进行叩诊。在每个肋间叩诊时，把由肺的清音过渡为半浊音处分别作出记号，然后把这 4 个记号连成曲线，即为心脏绝对浊音区的上界。采用这种叩诊方法，可以确定具体的心脏叩诊区。

（二）心脏浊音区

心脏前部为肩胛肌肉所掩盖，而延伸到肩胛肌肉后方的部分还不到心脏的一半，直接与胸壁接触的只是心脏的一小部分，叩诊这一部分时呈浊音，这就是心脏的绝对浊音区，标志着心脏靠近胸壁的部分。心脏的大部分被肺脏掩盖，叩诊这一部分时，呈半浊音，这就是心脏的相对浊音区，标志着心脏的真正大小。

1. 马的心脏浊音区

马的心脏绝对浊音区在左侧，大致为不等边三角形。其顶点在第 3 肋间，肩关节水平线下约 4 ～ 6 cm 处，由顶点斜向第 6 肋间下端引一弧线，即为心脏绝对浊音区的后界，整个面积约有手掌心大。心脏的相对浊音区位于绝对浊音区的后上方，呈弧形带状，宽约 3 ～ 4 cm。右侧的心脏绝对浊音区极小，在第 3 ～ 4 肋间的下方，不如左侧明显。

2. 牛的心脏浊音区

牛的心脏被肺脏所掩盖的部分面积比马的大，因此在左侧只能确定相对浊音区，位于第 3 ～ 4 肋间，胸廓下 1/3 的中央部。

（三）心脏叩诊所发现的病理变化

1. 心脏浊音区扩大

有两种情况，第一种是由于心脏容积增大（见于心肥大、心扩张）及心包容积增大（见于心包积液、心包炎），心脏相对浊音区扩大；第二种是由于肺萎陷，造成心脏被肺覆盖的面积缩小，心脏绝对浊音区扩大。

2. 心脏浊音区缩小

由于肺泡气肿及气胸，心脏被掩盖或包围的面积增大，心脏绝对浊音区缩小；由于肺萎陷及掩盖心脏的肺叶发生实变，心脏的相对浊音区缩小。

3. 心区鼓音

常见于反刍动物的创伤性心包炎，如果在心包炎的基础上，受到腐败菌感染，则因组织崩解而产生气体，叩诊时可听到鼓音。

4. 心区敏感

提示心包炎或胸膜炎。

三、心脏听诊

在全身体检中，心脏听诊占有极其重要的地位。心脏听诊常常能对大多数瓣膜疾病和一些先天性心脏病作出初步诊断。通过心脏听诊可以了解心脏机能及血液循环状态，进一步推测病情变化，为建立诊断和判定预后提供很有价值的材料。心脏听诊一般采用间接听诊法。

（一）正常心音

在健康家畜的每个心动周期中，可以听到“lub-tub”有节律交替出现的两个声音，称为心音。前一个是低而浊的长音，即第一心音；后一个是稍高而短的声音，即第二心音。此外，可能在第二心音之后还有第三心音，在第一心音之前还有第四心音，实际上这两种心音都较难听到。心肌、瓣膜和血液等的振动是产生心音的基础。

1. 第一心音

第一心音发生于心室收缩期，故称为缩期心音。主要由心室收缩时两个房室瓣（二尖瓣、三尖瓣）突然关闭的振动形成，其他次要因素有心房收缩的振动、半月瓣开放和心脏射血而冲击大动脉管壁所产生的振动等。

2. 第二心音

第二心音发生于心室舒张期，故称为张期心音。主要由心室舒张时两个半月瓣突然关闭的振动形成，其他次要因素有心室舒张时的振动、房室瓣开放和血流的振动等。

3. 第三心音

在心室舒张早期，房室瓣开放后，血液从心房急速流入心室，使心室壁产生振动，形成第三心音。第三心音的发生相当于心室的快速充盈期。这是一种弱、短而低的声音。

（二）心脏听诊的方法和部位

将动物的左前肢向前牵引，以充分暴露心区，便于检查。通常于左侧肘头后上方心区部听取，必要时在右侧心区听诊加以对比。当然，在心区的任何一点，都可以听到两个心音。由于心音是沿着血流的方向传导到前胸部的一定部位的，在这个部位听诊时，心音最为清楚，该部位就是心音的最强听取点。在临床上，通常利用心音的最强听取点来确定某一心音增强或减弱，并判断心杂音产生的部位。

（三）心音异常

心音是否发生异常，要从频率、强度、性质及节律各方面加以考虑。

1. 心音频率的改变

心率是按每分钟的心动周期数来计算的，每个心动周期内可听到两个心音，即为一次心率。但在第二心音极度减弱时，可能只听到一个心音，在心率极度加快时（如马的心率每分钟超过 100 次 / 分），也难以区分出两个心音，必须注意。心率的改变表现为心动过速或心动过缓。

（1）窦性心动过速

窦房结频繁发出的兴奋向外扩散传导，引起整个心脏的兴奋和收缩，表现为心率均匀而快速。一般见于热性病、心功能不全、伴有剧烈疼痛性的疾病、贫血或失血性疾病、迷走神经麻痹等。心率越来越快，往往是心脏储备力不良的标志。

（2）窦性心动过缓

表现为心率均匀而缓慢，一般见于迷走神经兴奋（如内高压、胆血症、洋地黄中毒等）、心脏传导功能障碍。

2. 心音强度的改变

声音的音量通常称为强度（响度），即声波在单位时间内经过垂直于声波传导方向的单位面积时所带动的能量，它由振动物体的振幅（即振动力量）决定。振幅越大，强度越大，反之则越小。心音的强度同样是由心音的振幅大小决定的，振幅大则心音强，振幅小则心音弱。心音强度还受本身的强度与心音向外传导的介质状态的影响。影响心音本身强度的因素，包括心肌收缩力、瓣膜紧张度（迅速达到紧张，则心音强；缓慢紧张，则心音弱）、心室充盈度、循环血量及血液成分等；影响心音传导介质状态的因素，包括胸壁厚度、胸膜腔与心包状态、肺脏心叶的状态、心脏位置等。确定心音强度时，必须在心尖部和心基底部进行对比听诊，才能得到准确结果。心音强度的变化，表现为两个心音同时增强或减弱，也可以表现为某一心音的增强或减弱。

（1）心音增强

①第一、第二心音同时增强。当心肌收缩力加强、心脏排血量增多时，两个心音都增强。应排除运动、使役、兴奋、消瘦、胸廓扁平等生理因素所造成的心音增强。病理性的心音增强，临床中常见于心脏病的代偿期、非心脏病的代偿适应反应（如发热、贫血、应用强心剂等）及心脏周围肺组织的病变（肺萎陷、无气肺）等。

②第一心音增强。引起第一心音增强的主要因素包括：心室收缩力和心脏的排血量（心室肌肉收缩力愈强，则心室内压力上升速度愈快，瓣膜的关闭速度也愈快，振动较大，此时血流急剧减速，第一心音随之增强；当心脏排血量增加时，如发热、贫血、甲状腺机能亢进、心动过速、使用肾上腺素或阿托品等药物，第一心音亢进）；心室收缩时房室瓣口的大小和瓣膜位置（当房室瓣口张开较大且房室瓣位置低时，则从心房经瓣膜口流入心室的血流达到较高的速度，随着瓣膜完全闭合，血流速度即突然衰减，这样产生的振动强度也较大，第一心音增强）；乳头肌功能失调（房室瓣先发生关闭，并脱垂入心房，则第一心音亢进）；心瓣膜病变（如单纯性二尖瓣口狭窄，由于血流从左心房涌入左心室时间延长，当心室开始收缩时，富有弹性的二尖瓣仍处于心室腔较低部位，保持着开放状态，同时心室充盈度小，有利于二尖瓣最大限度地开放，左心室内压力上升速度较快，收缩期相应缩短，左心室内压力上升速度快而突然，第一心音响亮、清脆）；心动过速而第二心音减弱的疾病（此时大动脉基部血压下降，使第二心音减弱，是疾病危重的象征）。

③第二心音增强。第二心音增强，主要是动脉压升高导致半月瓣关闭时振动有力而引起的。能导致肺动脉高压的因素（如肺淤血、肺气肿、二尖瓣闭锁不全等），都可能使肺动脉第二心音增强；能导致主动脉压力升高的因素（如高血压、左心肥大、肾炎等），都可以使主动脉第二心音增强。

（2）心音减弱

健康动物营养良好、胸壁丰满时，两个心音显然减弱，听诊时要排除生理性的因素。

①第一、第二心音同时减弱。一般见于能引起心肌收缩力减弱的病理过程（如严重的心功能不全、不同疾病的濒死期等）和心音传导条件的改变（如渗出性胸膜炎、肺气肿等）。

②第一心音减弱。一般见于心室收缩力减弱（如心肌炎、心功能不全等，由于心室收缩时压力上升迟缓，使房室瓣关闭无力）；房室瓣纤维化或钙化，失去了弹性，造成闭锁不全；心室收缩时房室瓣位置过高（心房收缩与心室收缩之间的时距延长，则心室充盈过度，房室瓣口近于闭合，当房室瓣关闭时，活动幅度很小，造成第一心音减弱。见于房室传导阻滞、心动过缓、心室充盈过度等）。

③第二心音减弱。能导致血容量减少的疾病（如大失血、严重脱水、创伤性休克等）、主动脉根部血压降低的疾病（如主动脉口狭窄、主动脉瓣闭锁不全等）），都可以出现第二心音减弱。在临床中比较常见。

3. 心音性质的改变

心音性质的改变有以下几种：

（1）心音浑浊

即心音不纯、低浊、含糊不清，两个心音缺乏明显的界限。主要是心肌变性、营养不良或瓣膜病变（肥厚、硬化等）导致心肌收缩无力或瓣膜活动不充分而引起的。见于热性病、贫血、高度衰竭症等。

（2）胎性心音

前一个心动周期的第二心音与下一个心动周期的第一心音之间的休止期缩短，而且第一心音与第二心音的强度、性质相似，心脏收缩期和舒张期时间也接近，加上心动过速，听诊时酷似胎儿心音。又因为类似钟摆“滴答”声，故称“钟摆律”。提示心肌损害。

（3）奔马律

又称为三音律，是一种低调而沉闷的声音，它常出现在心率较快时（一般在 100 ～ 120 次 / 分出现）。由于心率较快，舒张期缩短，听诊时三个心音如同“lē-dè-dà”三个字联读的联律，三个音之间的时距在听诊时大致相等，

状如马奔跑时的蹄声，故称为奔马律。一般认为是在心室舒张期，血流由压力增高的心房冲入松弛而扩张的心室，引起心室振动而产生奔马律。舒张期奔马律的出现常常表示心肌功能衰竭或即将衰竭，见于严重的心肌损害，提示预后不良，故有人将其称为“心脏呼救声”。

4. 心音分裂和重复

第一心音或第二心音分裂成两个声音，这两个声音的性质与心音完全一致，称为心音分裂或重复。两个声音之间的间隔较短的，称心音分裂；两个声音之间的间隔较长的，称心音重复。心音分裂和重复的诊断意义相同。现在一般将二者统称为心音分裂，而不加详细区分。

（1）第一心音分裂或重复

在正常情况下，二尖瓣的关闭比三尖瓣的关闭早，在人的心音图上，第一心音的二尖瓣成分和三尖瓣成分的两顶峰之间有 0.02 ～ 0.03 s 的间距。通常认为，人类对接近的两个心音之间相距的时间在 0.03 s 以上者，才能分辨出是两个声音，即第一心音可听性分裂。实际上除第一心音较明显分裂、两个音时距较宽时能听到两个明显的声音外，往往只能听到第一心音的延长音，第一部分较响，第二部分低浊，呈“特拉 - 塔”的音响。

第一心音分裂，是左、右心室收缩有先有后，二尖瓣和三尖瓣关闭有早有晚造成的，表现为二尖瓣提早关闭、三尖瓣延迟关闭及二尖瓣的关闭延迟到三尖瓣之后。具体来说包括：完全性右束支传导阻滞（此时右心室收缩较左心室收缩更为延迟，导致三尖瓣关闭延迟，出现第一心音分裂）；起源于左心室的异位心律（如早搏，此时二尖瓣提前关闭，三尖瓣相对延迟关闭）；一侧心室衰竭（左心室或右心室单侧衰竭，引起一侧心肌收缩力减弱，心室内压力上升迟缓，则此侧房室瓣的关闭必然延迟，使两侧房室瓣关闭的时距加长）；二尖瓣口狭窄（二尖瓣关闭可延迟到三尖瓣之后）；肺动脉高压症（由于三尖瓣关闭延迟造成的）；先天性心脏病（如房间隔缺损，此时由于左心房压力比右心房压力大，形成压力差，而发生血液以心房水平从左向右的分流，来自右心房的血液及左心房一部分分流的血液均排入右心室，使右心室血容量增加，排出量比左心室多，便引起三尖瓣关闭机械性延迟，第一心音明显分裂）。健康马、牛因运动、兴奋或一时性血压升高，会出现第一心音分裂，但安静后便自然消失，并无诊断意义。

（2）第二心音分裂或重复

在正常情况下，主动脉瓣比肺动脉瓣关闭稍早。如果第二心音的两个主要成分的时距超过 0.03 s，并能听到该音分裂为二，即称为第二心音分裂。听诊时呈类似“塔 - 特拉”（ta-tra）的音响。

第二心音分裂的原因，一是生理性分裂（吸气性分裂）。在吸气时因胸腔内负压增加，体静脉回流量增多，右心室排出的血量随之增加，右心室的驱血期比左心室的驱血期延长，从而肺动脉瓣关闭较晚。再加上肺血管容量扩大，使肺静脉回流量减少，又导致了左心室收缩时间缩短，故主动脉瓣关闭略为提早。因此，A_2 和 P_2 两个成分的时距增大，出现第二心音分裂；二是病理性分裂。一种情况是仍按主动脉瓣比肺动脉瓣关闭略为领先的顺序，但表现为 P_2 更为延迟，或 A_2 更为提早，第二心音的分裂增宽。造成 P_2 延迟的原因包括完全性右束支传导阻滞、左心室异位搏动、肺动脉口狭窄、肺动脉高压并发右心衰竭、房间隔缺损等。造成 A_2 提早的原因包括二尖瓣闭锁不全、室间隔缺损等。另一种情况是肺动脉瓣关闭在前（P_2 在前），主动脉瓣关闭在后（A_2 在后），称为第二心音逆分裂。其原因为 A_2 延迟（见于完全性左束支传导阻滞、右心室异位搏动、左心室流出道阻塞、主动脉口狭窄、高血压性心脏病等）、P_2 提早（如右心室异位搏动）。

5. 心音节律的改变

心肌组织具有自动节律性、兴奋性、传导性及收缩性等性能。心肌除了具有收缩功能之外，还有一部分特殊肌纤维组成的心脏传导系统组织，起着产生冲动和传导冲动的特殊作用。因此，健康动物的心脏能够以一定的频率进行规律的活动，表现为心音的快慢、强弱和间隔一致。在一些致病因素的影响下，心脏的冲动发生和传导分布程序不正常，则心音常出现快慢不等、强弱不定、间隔不一致，称为心律失常（心律紊乱，心律不齐）。心律失常的类型较多，可以通过体检并结合临床表现和心电图测定而作出结论。这里叙述的主要是通过体检可能作出诊断的心律失常。

（1）窦性心律不齐

即冲动从窦房结发出，但其发生的速率不一致，而引起心率在较短时间内出现增快与减慢的交替现象。其发生机理是由于心脏迷走神经张力不一致。在吸气时因肺充气，迷走神经的张力受到抑制，故心率较快，在呼气时则迷走神经的张力增强，故心率较慢；或者是在吸气时静脉回流增加，上、下腔静脉内压力升高，通过兴奋腔静脉和心房壁上的压力感受器，从这些感受器发出的冲动可抑制迷走神经中枢的紧张性，引起窦性心率加快，在呼气时则与此相反。呼吸对迷走神经张力的这种影响，使窦性心律不齐具有呼吸周期性，故又称为呼吸性心律不齐。窦性心律不齐的特点：心率在正常范围；节律交替加快或减慢，即吸气时快而呼气时慢；利用某些因素（如运动、注射阿托品）的影响而使心率加快时，多能消失。呼吸性心律不齐常见于健康犬、猫和幼驹，在成年马则见于慢性肺气肿、肺炎等。

（2）期前收缩（过早搏动、期外收缩）

期前收缩是由窦房结以外的异位兴奋灶发出的过早兴奋而引起比正常心搏动提前出现的搏动。在窦房结发生冲动以前，心脏的其他异位起搏点过早地产生冲动并激起心脏产生一次收缩时，就形成了期前收缩。期前收缩经常取代该次应发生的正常收缩，因而在其后面有一个比平常延长的间歇期，称代偿间歇期。

期前收缩可能是偶然发生的、散在的，也可能频繁地出现；可能是不规则的，也可能是规则地与正常心搏成比例地发生而形成"联律"。每隔一次正常心搏产生一次期前收缩时称"二联律"，每隔二次、三次正常的心搏产生一次期前收缩时称"三联律""四联律"。室性期前收缩恰恰产生在两个正常的窦性搏动之间，而无代偿间歇期，称为"间位型"或"插入型"期前收缩。根据异位冲动起源的部位，可以分为室性期前收缩（异位节律点在心室）和室上性期前收缩（异位节律点在房室束以上，即在房室交界区域心房）。

期前收缩在听诊时的特点：期前收缩如果发生在心室舒张的初期，则第二心音消失，成为单心音，同时，脉短绌，即本次过早搏动不出现脉搏，这是因为前一个心动周期的舒张期很短促，心室内血液充盈量显著减少，以致过早搏动时的心室内压力小于大动脉内压力，不能将半月瓣推开；期前收缩如果发生在心室舒张后期，则第一心音较强（因为这次心搏提早，使前一个心动周期的心室舒张期缩短，心室充盈不足，房室瓣尚处于较低的位置，关闭有力），第二心音减弱（因为早搏时的排血量减少，主动脉和肺动脉内压力相对降低，所以半月瓣关闭的音响也减弱），同时脉搏细弱。

期前收缩的诊断意义：偶发的、散在的期前收缩常见于健康马，特别是过劳、紧张状态时。频繁的、有规律的、多发性期前收缩常为病理性，见于器质性心脏病、心力衰竭、缺钾及药物中毒（如洋地黄、锑制剂、肾上腺素）等。

（3）阵发性心动过速

窦房结以外的（心房或心室）一个或几个异位节律点兴奋性很高，突然地、一阵阵地发出一系列快速而有节奏的冲动，激发心脏出现阵发性的规则而快速的搏动，称为阵发性心动过速。也可以说一系列期前收缩快速的重复出现，就称阵发性心动过速。特点是突然发作，每次发作时限不定，可为几秒钟、几小时，甚至持续几天，一旦发作终止，则恢复原来状态。阵发性心动过速对血液循环功能产生极其不良的影响，尤其是在有器质性心脏病时，心动过速可导致心源性休克，诱发或加重心力衰竭，诱发心源性脑缺血综合征。

（4）心房纤维性颤动

心房纤维性颤动是心房内异位节律点发出极高频率的冲动或异位冲动产生环行运动所致，它完全取代了心脏的各级起搏点而占据了支配心脏活动的地位。此时心房率很高，但心室率要比心房率慢得多。临床检查的特点：心律很不规则（心率有快有慢，瞬息多变，无一定的规律性）；心音强度很不一致（每次心搏动的第一、第二心音都不一致，有强有弱，无一定规律性）；脉搏短绌（某些冲动虽下传并激发心室收缩，但心室充盈度太小，搏出量太少，血液不易达到外周血管，因此动脉搏动就会缺少一次）。

（5）心动间歇

心脏在几次正常搏动之后停搏一次，即为心动间歇。健康的老龄马骡有时发生。机能性的原因与迷走神经过度紧张有关，窦房结暂时不能产生冲动，心脏暂时停搏一次。病理性的原因与传导阻滞有关。

6. 心脏杂音

心脏杂音是与心脏活动相联系的心音以外的附加声音，这种声音可与心音完全分开，也可以与心音相连，甚至完全掩盖心音。心杂音的音性与心音完全不同，呈吹风样、锯木样、哨音、皮革摩擦音等。心杂音对心脏瓣膜疾病和心包疾病的诊断具有重要意义。

（1）心内性杂音

心内性杂音指心脏运动时产生的杂音。一般认为，血液流经全身的血管时，由于血流的前进是分层或流线型流动的，不产生任何的声音。血液直接与管壁接触的最外一层并不流动或流动很慢，而处于较中央的各层离开管壁愈远，阻力愈小，流速愈快，处于中央的一层速度最快。由此可见，在血管内，血液的流动并不是各点的流速都一致，而是分层的，叫作层流。血细胞聚集在中央，流动时汇成整体向前流动。

①杂音产生的因素。

杂音产生的因素较多，综合起来，其主要因素还是血液动力学的改变，如高流量的快速血流通过正常或异常的瓣膜口；血流通过狭窄或不规则的瓣膜口，或流入一个扩大的血管或心腔；血液的返流经过关闭不全的瓣膜口、间隔缺损或其他异常的通道。有时是单一的条件起作用，而有时是几个条件的复合作用。具体分述如下：

A. 血液黏稠度降低。血液黏稠度对血流漩涡的形成有抑制作用。当血液稀薄时，容易形成血流漩涡，如贫血时可出现“贫血性杂音”。

B. 血液速度加快。当血液的黏稠度比较恒定时，杂音产生的主要因素就是血流速度。速度愈快，旋涡愈易产生且数量愈多，杂音也愈强。一般血流

速度达到 200 cm/min 以上，即使管腔大小不变，也可以产生杂音。因此，运动、发热、兴奋、甲状腺机能亢进时均能使心排血量增加，血流速度加快，产生杂音或使原有的杂音增强。在发生心力衰竭时，心肌收缩力明显减弱，血流速度缓慢，可以使原有的杂音减弱或消失。

C. 大血管狭窄。当血流通过血管狭窄部时，即产生漩涡。在一定程度内，狭窄愈严重，漩涡愈明显，杂音愈响亮，如见于主动脉狭窄。

D. 大血管扩张。因为在扩张与狭窄并存的情况下，血液产生漩涡所需要的流速要比在一个管腔大小固定的血管中流动所需要的速度小得多，所以漩涡容易产生在管腔突然扩张的部位，如见于肺动脉高压、高血压引起的主动脉扩张、主动脉瘤等。

E. 瓣膜口狭窄。血流通过狭窄的瓣膜口，同样易产生漩涡。在一定限度内，狭窄程度愈明显，漩涡的速度也愈大，杂音也愈响亮，如见于房室瓣口及半月瓣口狭窄。

F. 瓣膜闭锁不全。血流通过闭锁不全的瓣膜时，向后返流，易产生杂音，如见于房室瓣闭锁不全。

G. 存在异常分流。心脏、大血管的异常通道，引起血液高速分流时，可以产生收缩期心杂音。如室间隔缺损时，血液自高压的左心室流入相对低压的右心室，引起全收缩期心杂音。

H. 心室扩大。心室扩大使排血腔（心房）与受血腔（心室）之间产生的差别可引起收缩期心杂音，其原因与房室瓣相对的闭锁不全、乳头肌和腱索相对缩短及杂音传导加强有关。

②杂音的特性。常见杂音有如下特性：

A. 杂音最响的部位。一般某一瓣膜病变的杂音在该听诊区最响。另外要考虑血流方向，即漩涡的方向；传导杂音的介质，即杂音发出后，传导到胸壁所经过的组织的性质（肺、皮下脂肪传导最差）。

B. 杂音出现时间及时限。根据心动周期的时间变化，判断杂音出现在心收缩期还是舒张期，或是具有双期性。至于杂音本身的时限，要考虑杂音持续时间的长短；杂音在心收缩期或舒张期的哪一段时间（早期、中期、晚期）；出现后持续多长，延续到哪一段时间，或是在整个心收缩期或舒张期都存在。

C. 杂音强度。杂音强度与产生杂音的部位及其相连心血管腔的口径比例、血流速度、两侧腔室压差的大小以及心肌机能等都有着密切关系。另外，一切使声音传导不良的因素（如肺气肿、心包积液）也能使杂音变弱。关于心内杂音强度的分级，目前在兽医临床上还没有统一的标准。

D. 杂音性质。现从杂音的音调、性质及形态加以说明。杂音的音调决定于杂音的频率，频率愈高，音调愈高。一般分为高音调（频率为120 Hz以上）、中音调（频率为80～120 Hz）和低音调（频率为80 Hz以下）。杂音的音调表示着漩涡的速度，漩涡速度快则音调高，这是血流经过一个狭窄口径时两侧压力阶差大而引起的。

杂音的性质有柔和与粗糙之分，柔和的杂音如吹风样（吹风样杂音），粗糙的杂音如隆隆的滚筒音（滚筒样杂音）、雷鸣声（雷鸣样杂音）、锯木声等。杂音的性质受瓣膜表面状态（光滑或粗糙、边缘薄而柔软或厚而坚硬）、瓣膜完整度（完整或有赘生物、破裂）、血流的压力阶差、血液黏稠度及血流速度的影响。

杂音的形态即指音波的形状，其中包括：递增型（增强型、上升型），杂音振幅由小到大，直到消失，听诊时杂音强度由弱逐渐增强，直到消失，如二尖瓣口狭窄时的杂音；递减型（减弱型、下降型），杂音振幅开始较大，以后逐渐缩小，直到消失，听诊时杂音强度由强逐渐减弱，直到消失，如主动脉瓣闭锁不全时的杂音；菱型（递增及递减型），杂音振幅由小到大，现再由大到小，然后消失，听诊时杂音强度由弱到强，再由强到弱，如肺动脉瓣口狭窄时的杂音。

③杂音的分类。杂音可分如下几类。

A. 器质性心内杂音。瓣膜（瓣膜口）或心脏内部具有解剖形态学变化时所产生的杂音，其主要原因有先天性心脏缺陷及后天性瓣膜病。目前发现，马和一般哺乳动物一样，会发生先天性心脏缺陷，包括室间隔缺损、动脉导管未闭、卵圆孔未闭、三尖瓣闭锁、三室心及先天性大动脉瓣闭锁不全等，最常见的是室间隔缺损。这些缺陷可能以不同形式联合发生。后天性瓣膜病，在猪和牛以细菌性心内膜炎为多见，在马则与链球菌、放线杆菌感染引起的心内膜炎有关。另外，马圆虫幼虫移行会造成瓣膜损害。心内膜炎使瓣膜发生溃疡、缺损、瘢痕、粘连、增生等变化，弹性降低，腱索因纤维化而缩短或断裂，从而导致瓣膜口狭窄或瓣膜闭锁不全，产生杂音。在实践中应注意慢性瓣膜病时所出现的杂音。

a. 收缩期杂音。往往提示肺动脉口狭窄和主动脉口狭窄，听诊时呈喷射性菱型杂音，粗糙、刺耳或呈嘈杂声。主动脉瓣的病变比肺动脉瓣严重，也较常见。或提示二尖瓣闭锁不全和三尖瓣闭锁不全，听诊时呈全收缩期递减型、吹风样杂音。二尖瓣的病变比三尖瓣的病变多。

b. 舒张期杂音。往往提示二尖瓣口狭窄和三尖瓣口狭窄，听诊时呈递增型、雷鸣样杂音。或提示主动脉瓣和肺动脉瓣闭锁不全，听诊时呈递减型、高音调吹风样（有时是哨音）杂音。

B. 非器质性心内杂音或机能性心内杂音。这是瓣膜和心脏内部不存在解

剖形态学变化时出现的杂音。往往反映下面几种现象：

a. 相对的闭锁不全性杂音。主要与心肌紧张性降低或心腔中血液郁滞有关，常见于心扩张。此时由于心室腔扩大，房室瓣的瓣环也跟着扩张，而瓣环肌肉相应收缩不良，造成了房室瓣相对性闭锁不全，同时由于心室扩大，心室壁呈离心性伸展，乳头肌部随着心壁的离心而离开房室瓣更远，但纤维的腱索却不能跟着延长，这样在心室收缩早期，房室瓣就处于部分开放状态而不能完全闭合。再加上由于心室扩大，心室壁和乳头肌同时松弛，则心室壁离胸壁更近，有利于血液返流产生的振动向胸壁传导。因此，易听到杂音。

b. 贫血性杂音。见于严重贫血时，由于血液稀薄，血流加快，振动大动脉瓣和动脉壁而产生杂音。

c. 在发热、甲状腺机能亢进、运动、兴奋、怀孕等状态下，由于心排血量增加，血流加快；在发热、营养不良状态下，由于乳头肌弛缓，从而发生收缩期杂音。

（2）心外性杂音

心外性杂音指发生在心腔以外的心外膜处的杂音，主要有下面几种：

①心包摩擦音。正常的心包腔内有少量液体，具有润滑作用，因此在心脏活动时不发生音响。当心包腔的相对膜面上因炎性渗出物、结缔组织增生及钙化物沉着而变得粗糙时，随着心脏搏动，两层粗糙膜面发生摩擦，出现杂音。杂音与呼吸运动无关，在心收缩期和舒张期都能听到，而以收缩期较明显。杂音呈局限性，常在心尖部较明显，较粗糙，如皮革摩擦音。心包摩擦音是纤维素性心包炎的主要症状，可见于牛的创伤性心包炎和其他感染性心包炎。当渗出物量少、蓄积大量渗出液、心包上的纤维素性渗出物逐渐被磨平时，则不易听到心包摩擦音。因此，根据心包摩擦音判断是否心包炎时，要做具体分析。

②心包拍（击）水音。心包腔内蓄积液体时，心脏收缩引起液体震荡，即发生拍水音，类似振动盛有半量液体的玻瓶时发出的音响，或如倾注液体声，一般由心收缩期移行到心舒张期，见于心包炎、心包积水。如果心包腔内同时积有多量气体时，则往往能听到金属音，见于腐败性心包炎。

第二节 血管检查

一、脉搏检查

在每一个心动周期中，随着心室的收缩和舒张，大动脉的内压和容积发生变化，引起动脉管壁起伏搏动（跳动），并以波状形式沿着管壁向末梢传播，这种搏动就叫作动脉脉搏。检查脉搏，可以了解心脏活动和血液循环的状态。检查时要从脉数、脉性及节律三方面的状态全面进行衡量，作出正确判断。

（一）脉搏性质检查

脉搏性质主要是指脉搏大小、强弱、紧张性及充满度。脉搏性质受到心脏收缩力、血液总量、每搏输出量及血管弹性与紧张度等因素的影响。当心脏收缩有力，每搏输出量正常，血容量充足，动脉管弹性良好时，则脉搏充实有力，强度相等，即为正常脉搏。现就脉搏性质的异常改变分述如下：

1. 脉搏大小

脉搏大小指脉搏抬举手指的高度，也就是脉搏跳动时振幅的大小（即脉波的高度）。脉搏大小与脉压成正比，但与血管紧张度不相一致。

（1）大脉

表示心收缩力强，每搏输出量多，收缩压高，脉压差大。见于使役、运动、兴奋时的心收缩加强，热性病初期，左心肥大，主动脉瓣闭锁不全等。

（2）小脉

表示心收缩力弱，每搏输出量少，脉压差小。见于心功能不全、血压下降、心动过速、主动脉瓣口狭窄及二尖瓣口狭窄等。

（3）交替脉

大脉和小脉有规律地交替出现，称为交替脉。见于心肌炎、心功能不全等，是心肌疲劳的反映。

2. 脉搏紧张度（脉搏硬度）

脉搏紧张度指触诊按压时所感觉到的血管抵抗力的大小，取决于血压的高低。

（1）硬脉

表明血管紧张度增高，血管紧张。见于血压升高、剧烈疼痛性疾病、左心肥大、急性肾炎等。

（2）软脉

表明血管紧张度降低，血管弛缓。见于血压下降、心功能不全、贫血、恶病质、营养不良等。

（3）丝状脉

软而小的脉搏，称为丝状脉。见于重剧或恶化的马疝痛。

（4）金线脉

硬而小的脉搏，称为金线脉。诊断意义与丝状脉相同。

3. 脉搏充满度

脉搏充满度取决于排入血管内的血液量多少，也与心收缩力量和血管的流床广度（毛细血管的舒缩状态）有关。检查脉搏充满度时，将检指加压后再放松，反复操作，以感觉血管内径的大小。

（1）实脉

表明血管内血液充盈良好，提示血液总量充足，心脏活动健全，见于热性病初期、心肥大、运动或使役等。

（2）虚脉

表明血管内血液充盈不足，提示血容量减少，见于心功能不全、大失血、严重脱水等。

4. 脉搏强弱

脉搏强度指脉搏跳动力量的大小，取决于动脉的充实度和血管的紧张度。

（1）强脉

强而充实的脉搏，搏动有力，见于热性病初期、心脏的代偿机能加强时。

（2）弱脉

弱而充实不足的脉搏，搏动微弱，见于心功能不全、主动脉瓣口狭窄、产生脉搏的动脉发生阻塞等。

（3）颤动脉

脉搏微弱，只引起动脉壁不明显的震颤。

（4）不感脉

脉搏极度微弱，难以察觉。

5. 脉搏的波形上下变动的程度

由于动脉管内压力上升和下降持续时间的长短变化，在描记脉搏时即呈现波形上下变动。触诊时，以脉搏与手指接触时间的长短来判断。

（1）速脉

脉波急速上升而又急速下降，检脉手指在瞬间感觉到脉搏后，脉搏又立即消失。往往提示主动脉瓣闭锁不全。

（2）迟脉

脉波缓缓上升而又缓缓下降，检脉手指感觉脉搏的时间较长。往往提示主动脉瓣口狭窄、心传导阻滞等。

脉搏性质常常同时具有 2 ～ 3 个特性，即可以是强脉、大脉、实脉，也可以是弱脉、小脉、虚脉。因此，需要全面考虑，综合判定，并结合心脏听诊，才能对预后和诊断作出可靠评价。

（二）脉搏节律检查

健康动物的脉搏整齐，时间间隔均等，称为节律脉（整脉）。脉搏不整齐，间隔时间不等，则称为无节律脉（不整脉）。

二、表在静脉检查

（一）静脉充盈状态检查

一般根据视诊和触诊了解可视黏膜和表在静脉（如马的颈静脉、胸外静脉，牛的颈静脉和乳房静脉）的状态，进一步判定静脉的充盈度。静脉的充盈度常表现为静脉萎陷和过度充盈。

1. 静脉萎陷

体表静脉不显露，即使压迫静脉，其远心端也不膨隆，将针头插入静脉内，血液不易流出。这是血管衰竭使大量血液都淤积在毛细血管床内的缘故，见于休克、严重毒血症等。

2. 静脉过度充盈

静脉过度充盈有两种情况：

（1）生理性扩张

有时在健康动物可见生理性静脉扩张，如牛的乳静脉扩张、马和牛站立时四肢大静脉扩张、赛马运动后体表静脉的扩张。

（2）病理性扩张

体表静脉呈明显的扩张或极度膨隆，似绳索状，可视黏膜潮红或发绀。一般反映心功能不全使静脉血液回流障碍（见于心包炎、心肌炎、心脏瓣膜病等）和导致胸内压升高的疾病（静脉血液回流受阻，见于胸腔积液、渗出性胸膜炎、肺气肿、胃肠内容物过度充满而压迫膈时）。在静脉栓塞和狭窄时，能引起局部的静脉扩张。

（二）静脉搏动检查

随着心脏活动，表在的大静脉也发生搏动，称为静脉搏动。实际工作中，一般检查颈静脉搏动，因为大动物的颈静脉比较粗大，颈静脉通向前腔静脉的入口距体表比较浅，所以易观察到静脉搏动。根据产生的原因，颈静脉搏动可以分为以下 3 种：

1. 阴性颈静脉搏动

由于它是在心房收缩时产生的，又称为房性颈静脉搏动。当右心房收缩时，还未流入心房的腔静脉血一时受阻，部分静脉血的逆行波及前腔静脉和

颈静脉，而呈现颈静脉搏动。这是与心室收缩不相一致的颈静脉搏动。生理性的阴性颈静脉搏动，在胸腔入口处或颈沟的下 1/3 处最明显。在心功能不全，伴发全身性淤血时，由于血液还流发生严重障碍，颈表脉搏动可以波及颈沟的中 1/3 或上 1/3 处。

2. 阳性颈静脉搏动

这是与心室收缩相一致的静脉搏动，故又称为心室性颈静脉搏动。这种病理性的静脉搏动，往往是三尖瓣闭锁不全的指征。由于右心室收缩时，血液经闭锁不全的孔隙逆流到右心房，使前腔静脉的血液回流一时受阻，这种逆流波传到颈静脉，即出现阳性颈静脉搏动。因为阳性颈静脉搏动是由心室收缩引起的，力量强，故通常可波及颈沟的上 1/3 处，有时可波及颌骨后下方。另外，导致右心房高度郁滞的心房纤颤，也可能出现阳性颈静脉搏动。

3. 颈静脉波动

颈静脉波动不是真正的静脉搏动，而是颈动脉的强力搏动所带动的静脉波动，又称为假性静脉搏动，多见于主动脉瓣闭锁不全。

第五章 呼吸系统检查

第一节 呼吸运动检查

呼吸系统包括鼻腔、咽喉、气管、支气管和肺脏。呼吸系统疾病发病率较高，仅次于消化系统，某些传染病（如巴氏杆菌病、牛肺疫、猪霉形体肺炎等）及寄生虫病（如牛、羊、猪的肺线虫病等）等，常侵害呼吸系统而致病。因此，呼吸系统的检查具有重要的实际意义。

呼吸系统检查的内容包括呼吸运动检查、上呼吸道检查和胸部及肺的检查。

常用的检查方法包括视诊、触诊、叩诊、听诊，必要时应用支气管镜和X线检查。

一、呼吸类型

呼吸类型即动物呼吸的方式，是以呼吸时胸壁与腹壁起伏动作强度的对比而言。检查时应注意胸廓和腹壁起伏动作的协调性和强度。

根据胸壁和腹壁起伏的程度，将其分为胸腹式呼吸、胸式呼吸、腹式呼吸3种类型。

（一）胸腹式呼吸

是一种混合呼吸，为健康动物的呼吸方式，即呼吸时胸壁和腹壁的动作协调，强度大致相等。

（二）胸式呼吸

特征是胸壁起伏动作特别明显，而腹壁运动却极微弱，这种呼吸方式的出现表示膈肌、腹壁、腹膜有病或腹腔内器官患有某些能使腹内压增高而影响膈肌运动疾病的表现。常见于以下几种情况：

膈肌病变（如膈肌麻痹、膈肌破裂、膈肌炎、膈疝等）；

腹壁腹膜的病变（如腹壁创伤、腹膜炎）；

腹内压增高性疾病（如急性瘤胃臌气，急性胃扩张，重度肠臌气、腹腔大量积液等引起腹内压增高的疾病）。

犬的胸式呼吸为正常呼吸形式。

（三）腹式呼吸

腹式呼吸的特征是腹壁起伏动作明显，而胸壁的活动轻微，表明病变多在胸部。常见于以下几种情况：

胸壁的疾病（如急性胸膜炎、胸壁创伤及肋骨骨折等）；

肺及胸腔内器官的疾病（如胸膜肺炎、胸腔大量积液、肺气肿）。

二、呼吸节律

健康动物呼吸时，吸气后紧接着呼气，每次呼吸之后经过短时间的间歇再开始第二次呼吸，呼吸有一定的节律，吸气与呼气所持续的时间有一定的比例（马为 1 : 1.8；牛为 1 : 1.2，绵羊和猪为 1 : 1，山羊为 1 : 1.7，犬为 1 : 1.6），每次呼吸的强度一致，间隔时间相等，称为节律性呼吸。

呼吸节律可受兴奋、运动、喷鼻、嗅闻等生理因素的影响，发生暂时改变，但很快恢复正常。病患情况下，节律发生改变。

呼吸节律的病理性改变，常见有以下几种。

（一）吸气延长

特征为吸气异常用力，吸气的时间显著延长，提示气流进入肺部有阻力，从而出现吸气困难。见于上呼吸道狭窄疾病（如鼻、喉和气管内炎性肿胀、喉水肿、肿瘤、黏液、异物等）。

（二）呼气延长

特征为呼气异常用力，呼气的时间显著延长，表示气流呼出不畅，从而出现呼气困难。见于慢性肺泡气肿、慢性支气管炎等。

（三）间断性呼吸

特征是间断性吸气或呼气，即在呼吸时出现多次短促的吸气或呼气动作。是由于病畜先抑制呼吸，然后补偿以短促的吸气或呼气所致。常见于细支气管炎、慢性肺气肿、胸膜炎和伴有疼痛性的胸腹部疾病；也见于呼吸中枢兴奋性降低时，如脑炎、中毒和濒死期。

（四）陈－施二氏呼吸

特征为呼吸逐渐加强、加深、加快，当达到高峰以后，又逐渐变弱、变浅、变慢，而后呼吸中断数秒乃至 15 ～ 30 s，重复上述方式呼吸，如此反复交替，呈周期性变化。出现波浪式的呼吸节律多为呼吸中枢敏感性降低、呼吸机能衰竭的早期表现。常见于脑炎、心力衰竭、尿毒症、药物中毒和有毒植物中毒等中毒性疾病及某些重症疾病的后期、呼吸中枢兴奋性减退等。

（五）毕欧特氏呼吸

又称间歇呼吸，特征是数次连续的、深度大致相等的深呼吸和呼吸暂停交替出现。表示呼吸中枢的敏感性极度降低，比陈-施二氏呼吸更为严重，是病情危险的表现。主要见于胸膜炎、慢性肺气肿、脑炎、某些中毒症（如蕨中毒、酸中毒及尿毒症）及濒死期家畜。

（六）库斯茂尔氏呼吸

又称深长呼吸，特征为呼吸不中断，吸气、呼气均显著延长，发生深而慢的大呼吸，呼吸次数少，并带有明显的呼吸杂音，如啰音和鼾声，为呼吸中枢机能衰竭的晚期表现。见于酸中毒、濒死期、大失血、脑脊髓炎、脑水肿、脑及脑膜疾病、大失血及某些中毒等。

三、呼吸的对称性

健康动物呼吸时，两侧胸壁的起伏完全一致，称为匀称呼吸或对称性呼吸。

当胸部疾患局限于一侧时，则患侧的呼吸运动显著减弱或消失，而健侧的呼吸运动常出现代偿性加强。呼吸不对称见于单侧性胸膜炎、胸腔积液、肋间肌风湿、气胸和肋骨骨折等。

当胸部疾病遍及两侧时，胸廓两侧的呼吸运动均减弱，但以病变较重的一侧减弱更为明显，也属不对称性呼吸。

四、呼吸困难

呼吸运动加强，呼吸次数改变，呼吸频率改变，辅助呼吸肌参与活动，有时呼吸节律异常、呼吸类型改变的现象称为呼吸困难。高度的呼吸困难，称为气喘。

根据呼吸过程分为吸气性呼吸困难、呼气性呼吸困难、混合性呼吸困难。

（一）吸气性呼吸困难

吸气性呼吸困难的特征为吸气困难，吸气时间延长，吸气费力，吸气时有辅助呼吸肌参与活动，伴有特异的吸入性狭窄音（类似口哨声的吸气性狭窄音）。

病畜在呼吸时，表现为头颈平伸，鼻翼开张、鼻孔张大，肘头外展，四肢广踏，胸廓开张，肛门内陷，呼吸深而强，某些动物张口呼吸，常听到类似口哨音的吸入性狭窄音。

吸气性呼吸困难为上呼吸道狭窄的特征，如鼻腔狭窄、猪传染性萎缩性鼻炎、喉水肿、咽喉炎、喘鸣症和鸡传染性喉气管炎等。

（二）呼气性呼吸困难

呼气性呼吸困难的特征为呼气期显著延长，呼气费力，辅助呼吸肌参与呼吸活动，腹部动作明显。

病畜呼气时表现为脊背拱起，腹肌强力收缩，肷窝变平，腹部动作明显加强，呼气时肛门突出，吸气时肛门内陷，出现肛门抽缩运动。高度呼气困难时，可出现连续两次呼气动作，称为二重呼气，严重者沿肋骨弓下线出现较深的凹陷沟，称为喘线或息劳沟。

呼气性呼吸困难，主要是由于肺泡壁组织弹性减弱或细支气管狭窄，而致肺泡内空气排出障碍的表现。可见于慢性肺气肿、肺泡气肿，急性细支气管炎、胸膜肺炎等。

（三）混合性呼吸困难

混合性呼吸困难的特征为吸气和呼气均发生困难，常伴有呼吸频率加快，甚至呼吸节律改变。常见情况如下：

1. 肺源性

肺内气体交换障碍，血氧浓度下降而致的呼吸困难，可见于肺实质发炎、实变而使呼吸面积减少的各型肺炎，致使肺内气体交换受阻的肺充血与肺水肿、肺气肿，能使膈肌运动障碍的胸膜疾病、膈肌疾病及腹内压增高的疾病，以及使肺循环障碍的心脏疾病过程中；可见于肺炎、胸膜肺炎、急性肺水肿和某些传染病，如鼻疽、结核、牛出血性败血症、牛肺疫、猪气喘病、猪肺疫和山羊传染性胸膜肺炎等；也可见于支气管炎并发肺气肿、渗出性胸膜炎和胸腔大量积液等。

2. 心源性

心源性是心功能不全（心衰）的主要症状之一。由于心脏衰弱，血液循环障碍，肺换气受到限制，导致缺氧和二氧化碳潴留所致。病畜表现为混合性呼吸困难的同时，伴有明显的心血管系统症状，运动后心跳、气喘更为严重，肺部可闻湿啰音。见于心内膜炎、心肌炎、创伤性心包炎和心力衰竭等。

3. 血源性

对血氧的输送发生障碍而致的呼吸困难，可见于致使红细胞减少、血红蛋白含量下降的各型严重贫血，伴发贫血的传染病（如马传染性贫血等）、寄生虫病（如血孢子虫病等）、溶血性疾病（如新生仔畜溶血病等），以及致使血红蛋白变性的中毒病（如亚硝酸盐中毒等）时。

4. 中毒性

组织细胞对氧的利用障碍而致的呼吸困难，可见于能使组织细胞呼吸酶系统受到抑制的某些中毒病（如氢氰酸中毒等）时。内源中毒性代谢性酸中毒，血中 pH 值降低，直接或间接地兴奋呼吸中枢，表现为深而大的呼吸困难，见于酸中毒、尿毒症、酮血病、严重的胃肠炎。此外，热性疾病、血液温度上升及血中毒素都能刺激呼吸中枢，引起呼吸困难。某些化学毒物能影响血红蛋白，使之失去携氧功能，或抑制细胞内酶的活性，破坏组织内氧化过程，导致机体缺氧，出现呼吸困难。见于亚硝酸盐中毒、有机磷农药中毒、水合氯醛中毒、吗啡及巴比妥中毒。

5. 中枢神经性

中枢神经系统发生器质性病变或机能性障碍，刺激兴奋呼吸中枢，引起呼吸中枢机能障碍而致的呼吸困难。颅内压增高和炎症产物刺激呼吸中枢，可引起呼吸困难。见于某些脑病（如脑膜脑炎、传染性脑脊髓炎、脑出血、脑肿瘤等）、破伤风、某些中毒病和代谢障碍病过程中。

6. 腹压增高性

腹压增高直接压迫膈肌并影响腹壁的活动，从而导致呼吸困难，严重时病畜可窒息。见于急性胃扩张、瘤胃臌气、肠变位和腹腔积液等。

五、呃逆

所谓呃逆，即病畜所发生一种短促的急跳性吸气，此乃膈神经直接或间接受到刺激使膈肌发生有节律的痉挛性收缩而引起。其特征为腹部和肷部发生节律性的特殊跳动，称为腹部搏动，俗称跳肷。常见于胃扩张、肠阻塞和脑及脑膜疾病等。

第二节 上呼吸道检查

一、鼻的检查

鼻检查包括鼻的外部检查、呼出气及鼻液的检查。

（一）鼻的外部检查

鼻的外部检查，即鼻的外部观察，重点注意鼻面部形态的变化、鼻孔周围组织、鼻甲骨形态的变化及鼻的痒感。

1. 鼻孔周围组织

鼻孔周围组织可发生各种各样的病理变化，如鼻翼肿胀、水泡、脓疱、溃疡和结节等。鼻孔周围组织肿胀，可见于血斑病、纤维素性鼻炎、异物刺伤等。许多传染病（如牛瘟、口蹄疫、羊痘、炭疽和气肿疽等）常表现为鼻孔周围组织有局限性或弥散性肿胀。

鼻孔周围的水疱、脓疱及溃疡，可见于猪传染性水疱病、脓疱性口膜炎。

长期持续性流鼻液时，则鼻液流过的皮肤失去色素，产生一条白色的斑纹，称为“鼻分泌沟”。鼻液的长期刺激，有时还可引起烂斑，见于慢性鼻炎、副鼻窦炎等。

鼻孔周围结节，见于牛的丘疹性口膜炎和牛的坏死性口膜炎。

2. 鼻甲骨形态的变化

鼻甲骨增生、肿胀，见于严重的软骨病及肿瘤。鼻甲骨萎缩，使鼻腔缩短，鼻盘翘起或歪向一侧、变形，是猪传染性萎缩性鼻炎的特征。鼻甲骨凹陷、肿胀、疼痛则多见于外伤。马、骡的鼻面部，唇周围皮下浮肿，外观呈河马头样，可见于血斑病。

3. 鼻的痒感

可表现病畜常在槽头、木桩上擦痒或用自己的前肢搔痒，捏压鼻颌切迹部则发生喷鼻反应。见于鼻卡他、猪传染性萎缩性鼻炎、鼻腔寄生虫病（羊鼻蝇蚴病）、异物刺激及吸血昆虫的刺蜇等。

（二）呼出气体检查

检查鼻孔的气流强度、呼出气的温度、呼出气的气味。

1. 两侧气流强度的检查

可用两手置于两鼻孔前检查。健康家畜两侧鼻孔呼出气流的强度相等。当一侧鼻腔狭窄（肿胀、肿瘤）时，患侧鼻孔呼出的气流小于健侧，并伴有狭窄音，则表示该侧鼻腔有狭窄、肿胀、肿瘤等，或一侧鼻窦肿胀、蓄脓；当两侧鼻道同时有病变时，则病重侧呼出气体气流减弱。

2. 呼出气的温度

健康动物呼出气稍有温热感。当体温升高时，呼出气的温度增高，见于热性病及呼吸系统炎症性疾病过程中；呼出气的温度降低，发凉，可见于严重的脑病、中毒、虚脱或内脏破裂。

3. 呼出气的气味

一般无特殊气味，检查时宜用手将病畜呼出的气体扇向检查者的鼻端而嗅诊，切不可直接接触病畜的鼻孔。但在某些疾病过程中，可使呼出气具有某种特殊气味。例如有腐败性臭味时显示肺组织或呼吸道的其他部位有坏死性病变；当呼出气有脓性臭味时，为肺脓肿；有酸性气味时，有呕吐现象；有尿臭气味，为尿中毒；有烂苹果气味时为酮血病。当发现呼出气有特殊臭味时，应注意臭气是来自口腔还是来自鼻腔，是来自一侧鼻孔还是来自两侧鼻孔，检查时应注意区别。气味来自一侧鼻孔，则为一侧鼻腔或一侧副鼻窦的疾患，两侧鼻孔都发出气味，则表明病变在支气管和肺（如患腐败性支气管炎和肺坏疽时，两侧呼出气体都有腐败臭味）。

（三）鼻液的检查

鼻液是由呼吸道的分泌物、炎性渗出物及脱落的上皮细胞及其他病理产物、杂质所组成。健康家畜一般无鼻液，天气寒冷时有些动物可有微量浆性鼻液，马常以喷鼻和咳嗽的方式排出，牛则常用舌舐去或咳出。因此，如发现家畜流多量鼻液，多为呼吸系统有病的表现。

对鼻液的检查，应注意其排出状态、数量、性质、一侧性或两侧性、有无混杂物及其性质，必要时还可进行鼻液中弹力纤维的检查。

1. 鼻液的量

鼻液流量的多少取决于呼吸系统疾病的部位、性质、病程和病变范围。

量多：在呼吸器官急性炎症的中、后期及某些传染病时，黏膜充血、水肿，黏液分泌增多，毛细血管的渗透性增高，浆液大量渗出，鼻液量多。大量鼻液，见于呼吸器官急性广泛性炎症，如急性鼻炎、急性咽喉炎、肺坏疽、肺脓肿破裂、大叶性肺炎的溶解期、感冒、急性开放性鼻疽、牛肺结核、牛恶性卡他热和犬瘟热等。

量少：一般在呼吸器官轻度炎症、急性炎症的初期、局灶性病变、慢性炎症及某些传染病时，鼻液量较少。鼻液量少，见于慢性鼻炎、慢性气管炎、慢性鼻疽和慢性肺结核等。

量不定：鼻液的量时多时少，病畜自然站立时量少，运动后或低头、咳嗽、采食时则有大量鼻液。若单侧性的主要见于一侧鼻炎或鼻疽、副鼻窦炎、喉囊炎和肿瘤，鼻液往往仅从患侧流出；若两侧性的病变或喉以下的疾病，则鼻液多为双侧性，可见于肺脓肿、肺坏疽和肺结核时，或两侧性副鼻窦炎和喉囊炎及喉以下部位的炎症。

2. 鼻液的性状

因炎症的性质及病理过程不同而有差异，一般可分为以下几种。

（1）浆性鼻液

鼻液无色透明，稀薄如水，表明浆液性炎症。见于呼吸道卡他性炎症的初期，如急性鼻卡他、流行性感冒、马腺疫及犬瘟热病等疾病的初期。

（2）黏性鼻液

鼻液黏稠，呈蛋清样或粥状，灰白色，不透明，有腥臭味，可呈牵丝状。因混有大量脱落的上皮细胞和白细胞，故呈灰白色。见于呼吸道卡他性炎症的中后期，如急性上呼吸道感染和支气管炎等。

（3）脓性鼻液

黏稠混浊，呈糊状、膏状，或凝结成团块呈凝乳样，具脓臭或恶臭味。因感染的化脓细菌的不同而呈黄色、灰黄色或黄绿色。为化脓性炎的特征。见于化脓性鼻炎、副鼻窦炎、马腺疫、流感、鼻腔鼻疽、肺脓肿破裂等。

（4）腐败性鼻液

呈污秽不洁的带灰色或暗褐色、灰黄色或绿褐色，混有组织碎片，具尸臭味或恶臭味，常为坏疽性炎症的特征，见于坏疽性鼻炎、腐败性支气管炎和肺坏疽等。

（5）血性鼻液

鲜红色滴血者，常提示为鼻出血；粉红色或鲜红而混有许多小气泡者，则提示为肺水肿、肺充血和肺出血；大量鲜血急流，伴有咳嗽和呼吸困难者，常提示肺血管破裂，可见于肺脓肿和牛肺结核；当脓性鼻液中混有血液或血丝时，称为脓血性鼻液，见于鼻炎、肺脓肿、异物性肺炎和牛肺结核及羊鼻幼虫病等。

（6）铁锈色鼻液

呈红褐色，为大叶性肺炎和传染性肺炎一定阶段的特征。在红色肝变期渗出的红细胞，被肺泡中的巨噬细胞吞噬，产生含铁血黄素，以及血红蛋白在酸性的肺炎区域中变成正铁血红蛋白所致。见于大叶性肺炎及传染性胸膜肺炎。

3. 鼻液的混杂物检查

（1）气泡

鼻液呈泡沫状，白色或混有血液而呈粉红色或红色，小气泡见于肺气肿、肺充血、肺水肿和慢性支气管炎等；大气泡表示来自上呼吸道和大支气管炎症。

（2）唾液

鼻液中混有大量的唾液和饲料碎粒，饮水经鼻道流出。见于咽炎、咽麻痹、食管炎、食管阻塞和食管痉挛等。常提示吞咽障碍或咽下机能障碍等疾病使食物反流所致。

（3）呕吐物

各种动物呕吐时，胃内容物也可从鼻孔中排出。其特征为鼻液中混有细碎的食物残粒，呈酸性反应，并带有难闻的酸臭气体，常提示疾病来自胃和小肠。此外鼻液中也可能混有寄生虫的虫体，如羊鼻蝇幼虫和肺线虫等。

4. 鼻液中弹力纤维的检查

弹力纤维的出现，表示肺组织溶解、破溃或有空洞存在。见于异物性肺炎、肺坏疽和肺脓肿等。

检查弹力纤维时，取 2 ～ 3 mL 鼻液放于试管中，加入等量的 10% 的 NaOH（也可用 KOH）溶液，在酒精灯上边震荡边加热，直到变成均匀溶液为止，使其中的黏液、脓汁及其他有形成分等溶解，但弹力纤维则不溶解。然后加 5 倍蒸馏水混合，离心沉淀 5 ～ 10 分钟，倾去上清液，再用蒸馏水冲洗并离心，取管底沉渣一滴滴在载玻片上，加盖盖玻片，镜检。也可取鼻液置载玻片上，加 10% 的 KOH（或 NaOH）溶液 1 ～ 2 滴，放置片刻镜检。弹力纤维呈透明的折光性较强的细丝状弯曲物，如羊毛，并且具有双层轮廓，两端尖或成分叉状，常集聚成团而存在（也可能单独存在，或集聚成乱丝状）。

（四）鼻黏膜检查

检查鼻黏膜的方法，主要通过视诊和触诊检查。视诊以白昼光线最好，必要时可用开鼻器、反光镜、头灯或手电筒配合检查。检查前保定家畜，将头略为抬高，使鼻孔对着光源。用手指或开鼻器扩张鼻孔，使鼻黏膜充分显露，即可检查。

检查鼻黏膜时，应注意其有无颜色、肿胀、水疱、溃疡、结节和损伤等变化。

健康动物的鼻黏膜稍湿润，有光泽，表面呈颗粒状，呈淡红色。在病理状态下，其颜色及形态等都可发生改变。

1. 颜色

动物的鼻黏膜正常为淡红色。在病理情况下，鼻黏膜的颜色有潮红、发绀、发白、发黄等变化。潮红见于鼻卡他、流行性感冒、发热性疾病等；出血斑点，见于败血病、血斑病、马传染性贫血和某些中毒等；其他颜色变化的临床意义与其他可视黏膜变化相同。

2. 肿胀

鼻黏膜表面光滑平坦，颗粒消失，闪亮有光，触诊有柔软和增厚感。弥漫性肿胀，见于鼻卡他、流行性感冒、鼻疽、血斑病、牛恶性卡他热及犬瘟热等。

3. 水疱

鼻黏膜的水疱，见于口蹄疫和猪传染性水疱病，其大小由黄豆大到蚕豆大，有时水泡融合在一起，破溃而形成烂斑。

4. 溃疡

鼻黏膜溃疡，有表层和深层之分。浅在性溃疡，偶见于鼻炎、马腺疫、血斑病和牛恶性卡他热等。深层溃疡，多为鼻疽性溃疡，一般表现为喷火口状，边缘隆突呈堤状且不整齐，底部深并盖以灰白色或灰黄色白膜，常见于鼻中隔黏膜上。严重的溃疡可造成鼻中隔穿孔。

5. 结节

具有诊断意义的是鼻疽结节。鼻疽结节初呈浅灰色，以后呈黄白色，由小米粒大至黄豆大，周围有红晕，分界清晰，多分布于鼻中隔黏膜及鼻翼软骨内侧面。

6. 瘢痕

鼻中隔下部的瘢痕，多为损伤所致，一般浅而小，呈弯曲状或不规则，偶见于鼻炎、马腺疫、血斑病、牛恶性卡他热。鼻疽性瘢痕的特点是大而厚，呈星芒状（喷火口状），边缘隆起且不整齐。

（五）鼻呼吸杂音检查

1. 鼻腔狭窄音

鼻腔狭窄音又称鼻塞音。此乃鼻腔狭窄所致，其特征为病畜呼吸时产生异常的狭窄音，吸气比呼气更加响亮，并有吸气性呼吸困难。鼻腔狭窄音，一般分为干性和湿性两种。

（1）干性狭窄音

似口哨声，提示鼻腔黏膜高度肿胀，或有肿瘤和异物存在，使鼻腔变狭窄。见于慢性鼻炎、血斑病、鼻疽、牛恶性卡他热、放线菌病、猪传染性萎缩性鼻炎等。

（2）湿性狭窄音

呈呼噜声，鼻腔内积聚多量黏稠的分泌物。见于鼻炎、羊鼻蝇幼虫病、咽喉炎、异物性肺炎、肺脓肿破溃、牛恶性卡他热和犬瘟热等。

2. 喘息声

其特征为鼻呼吸音显著增强，呈现粗大的“赫赫”声，多在呼气时较为清楚。喘息声常见于发热性疾病、肺炎、胸膜肺炎、严重的急性胃扩张、急性瘤胃臌气、肠臌气和肠变位的后期。

3. 喷嚏

其特征为病畜仰首缩颈，频频喷鼻，甚至表现摇头、擦鼻、鸣叫等。见于鼻卡他、羊鼻蝇幼虫病、猪传染性萎缩性鼻炎等。

（六）副鼻窦的检查

副鼻窦（鼻旁窦）包括额窦、上颌窦、蝶窦和筛窦，经鼻孔直接或间接与鼻腔相通。一般检查方法多用视诊、触诊和叩诊。

1. 视诊

应注意其外形有无变化，额窦和上颌窦区有无隆起、变形。副鼻窦变形主要见于窦腔积脓、软骨病、肿瘤、牛恶性卡他热、外伤和局限性骨膜炎。牛上颌窦区的骨质增生肿胀，可见于牛放线菌病。

2. 触诊

注意敏感性、温度和硬度。触诊必须两侧对照进行，触诊敏感和温度增高，见于急性骨膜炎；局部骨壁凹陷和疼痛，见于外伤；窦区隆起、变形，触诊坚硬，疼痛不明显，常见于骨软症、肿瘤和放线菌病。

3. 叩诊

健康动物的窦区叩诊呈空盒音，声音清晰而高朗。叩诊时宜先轻后重，两侧对照进行，可以提高叩诊的准确性，若叩诊呈浊音，则见于窦腔积液、蓄脓，或为瘤体充塞、骨质增生等。

二、喉和气管的检查

（一）外部检查

1. 视诊

可开口直接对喉腔及其黏膜进行视诊，注意喉周围组织及附近淋巴结是否肿胀。

牛的喉部肿胀，见于炭疽、恶性水肿、化脓性腮腺炎、放线菌病，而气管周围及肉垂肿胀，多见于牛创伤性心包炎等。

猪的喉部肿胀，见于急性猪肺疫、猪水肿病和炭疽。

羊的喉部肿胀，见于其各种寄生虫病。

2. 触诊

检查者站在动物头颈侧方，以两手向喉部轻压并同时向下滑动检查气管，以感知局部温度、硬度和敏感度、咳嗽，并注意有无肿胀。

喉部触诊时，有热感、病畜疼痛、拒绝触压、并发咳嗽，多为急性喉炎的表现。稍用力触诊喉部敏感咳嗽，多为慢性喉炎的表现；触诊气管敏感、咳嗽，多是气管炎的特征。

3. 听诊

听诊主要是判断喉和气管呼吸音有无改变。听诊健康动物喉部时可以听到一种类似“赫”的声音。呼气时最清楚，称为喉呼吸音，是在呼吸过程中气流通过声门裂时冲击声带和喉壁形成漩涡运动所产生的。喉呼吸音的病理变化常见的有呼吸音增强、狭窄音和啰音。

（1）呼吸音增强

即喉呼吸音强大粗重。见于各种出现呼吸困难的病畜。

（2）狭窄音

其性质类似口哨声、呼噜声或拉锯声。有时声音相当粗大，可在数步外听到。常见于喉水肿、咽喉炎、喉和气管炎、喉肿瘤及马腺疫等。

（3）啰音

当喉和气管内有液体存在时出现啰音。如液体黏稠，可听到干啰音；如液体稀薄，可听到湿啰音。可见于喉炎、气管炎及其以下呼吸道炎症过程中。

（二）内部检查

方法为直接视诊，检查时将动物头略为高举，用开口器打开口腔，将舌拉出口外，并用压舌板压下舌根，同时对着光源，即可视诊喉黏膜。注意喉黏膜有无肿胀、出血、溃疡、渗出物和异物。禽喉腔黏膜肿胀、潮红或附有黄、白色伪膜，是各型喉炎的特征。

（三）咳嗽的检查

咳嗽是动物的一种保护性反射动作，能将呼吸道异物或分泌物排出体外；咳嗽亦为病理状态，当咽、喉、气管、支气管、肺和胸膜等器官，特别是喉及其以下呼吸道、肺、胸膜等受到炎症、温热、机械和化学因素的刺激时，使呼吸中枢兴奋，在深吸气后声门关闭，继而以突然剧烈的呼气，气流猛烈冲开声门而形成的一种爆发声音。单纯性鼻炎、副鼻窦炎往往不引起咳嗽症状，咽、喉、气管、支气管、肺和胸膜等的疾患出现强度不等、性质不同的咳嗽。通常喉及上部气管对刺激最为敏感，因此患喉炎、气管炎时咳嗽最为剧烈。

1. 咳嗽的检查方法

可听取患畜的自然咳嗽，必要时进行人工诱咳。

人工诱咳时检查者站在病畜（大家畜）颈侧，面向头方，一手放在鬐甲部作支点，用另一手的拇指和食指压迫第一、二气管软骨环，观察其反应。对牛多次拉舌，对小动物短时间闭塞鼻孔，也可诱发咳嗽。检查咳嗽时，应着重检查咳嗽的性质、频度、强度和疼痛。

正常时不发生咳嗽或仅发生一两声咳嗽，如发生连续多次的咳嗽，则为病理表现。

一般强大有力的咳嗽，多为喉及气管有病的表现；而低弱痛性的咳嗽，多为肺和胸膜有病的表现。患喉炎及气管炎时，咳嗽最为剧烈。长期剧烈的咳嗽，对上呼吸道和肺是不利的，会导致肺气肿，最后引起循环衰竭、心脏疾病。

2. 性质

按性质一般分为干咳和湿咳。

干咳：干咳的特征为咳嗽声音清脆，干而短，表示呼吸道内无分泌物或仅有少量的或黏稠的分泌物。典型的干咳，见于喉、气管异物和胸膜炎，在急性喉炎的初期、慢性支气管炎、肺结核、肺棘球蚴病和猪肺疫等也可能出现干咳。

湿咳：湿咳的特征为咳嗽的声音钝浊、湿而长，表示呼吸道内有大量稀薄的分泌物，往往随咳嗽从鼻孔流出多量鼻液。见于咽喉炎、支气管炎、支气管肺炎、肺脓肿和肺坏疽等。

3. 频度

按咳嗽的频度一般分为稀咳、连咳和痉挛性咳嗽。

（1）稀咳（单发性咳嗽）

频率低，单发性，仅一两声，周期性出现。表示呼吸道内有少量异物或分泌物，异物除去则咳嗽停止。常见于感冒、慢性支气管炎、慢性支气管肺炎、肺结核、肺丝虫病。

（2）连咳（连续性咳嗽）

特征为咳嗽频繁、连续不断。一次发咳达十几声甚至数十声。见于急性喉炎、传染性上呼吸道卡他炎症、弥漫性支气管炎、支气管肺炎、幼畜肺炎和猪气喘病等。长期咳嗽，见于慢性支气管炎、慢性肺气肿、肺结核、猪气喘病等；昼轻夜重的咳嗽最常见于慢性喉炎、慢性气管炎及慢性肺泡气肿等疾病过程中；低弱、痛性、抑制性咳嗽，常见于肺炎及胸膜炎等。

（3）痉挛性咳嗽（发作性咳嗽）

特征为具有突然性和暴发性，咳嗽连续剧烈而痛苦，且连续不断，表示呼吸道内有强烈的刺激或刺激因素不能排除。见于呼吸道异物、异物性肺炎、急性喉炎、猪霉形体病、猪巴氏杆菌病、幼畜肺炎和猪后圆线虫病、慢性支气管炎和肺坏疽等。

4. 强度

（1）强咳

当肺组织的弹性正常，而喉、气管患病时，则咳嗽强大有力。见于喉炎、气管炎。

（2）弱咳

当病畜全身极度衰弱，咳嗽极为低弱，几乎无声。见于细支气管炎、支气管肺炎、肺气肿、胸膜炎等。

5. 痛咳

咳嗽伴有疼痛或痛苦不安的症状者，称有痛咳。其特征为病畜头颈伸直，摇头不安，前肢刨地，且有呻吟和惊慌现象。见于呼吸道异物、异物性肺炎、急性喉炎、喉水肿、胸膜炎、创伤性网胃炎、膈肌炎、心包炎等。

第三节 胸部和肺的检查

一、胸部视诊、触诊检查

胸部和肺的检查是呼吸系统检查的重点，主要通过视诊、触诊、叩诊、听诊检查，必要时配合 X 线检查和穿刺检查。

（一）胸廓视诊

通过视诊可检查胸廓的形状及皮肤的变化，主要检查胸廓的形状。检查时，只有从家畜的不同方位进行细致的比较观察，才能准全判断。

虽然健康动物胸廓的形状和大小因动物的种类、品种、年龄、营养及发育状况不同而有很大差异，但它们的胸廓均两侧对称，脊柱平直，肋骨膨隆，肋间隙的宽度均匀，呼吸亦对称。在病理情况下，胸廓的形态可能发生异常变化，主要有以下几种情况。

1. 桶状胸

特征为胸廓向两侧扩大，左右横径大，肋间隙变宽，肋骨的倾斜度减少。见于严重的肺气肿、小动物的胸腔积液、急性纤维性胸膜炎等。

2. 扁平胸

特征为胸廓的左右横径显著减小，胸廓扁平而狭窄，脊柱变形。见于佝偻病、软骨症、慢性消耗性疾病。

幼畜胸骨柄明显突出，常常伴有肋软骨结合处的串珠状肿块，并见有脊柱凹凸，四肢弯曲，全身发育障碍，又称鸡胸，是佝偻病的典型特征。

3. 两侧胸廓不对称

特征为患侧胸廓平坦而下陷，肋间隙变窄，而对侧呈代偿性扩大，导致两侧胸壁明显不对称。提示一侧胸廓范围内的器官有疾病。对侧代偿性扩大。见于一侧肋骨骨折、单侧性胸膜炎、胸膜粘连、骨软症、代偿性肺气肿等。

（二）胸壁触诊

将手背或手掌平放于胸壁上，以判定其温度及胸膜摩擦震颤感。用并拢伸直的手指垂直放在肋间，自上而下依次进行短促触压，以判定胸壁的敏感性等。另外还要检查皮下气肿、水肿、丘疹、外伤等。

1. 胸壁温度

胸壁的温度增高，见于炎症、脓肿等；胸侧壁的温度增高，可见于胸膜炎等。

2. 胸壁疼痛

触诊胸壁时，病畜表现不安、回顾、躲闪、反抗或呻吟，都是胸壁疼痛的表现。胸壁疼痛是胸膜炎的特征，也见于胸壁皮肤、肌肉或肋骨的发炎与疼痛性疾病，如肋骨骨折。

3. 胸膜摩擦感

当患纤维素性胸膜炎时，因胸膜表面纤维蛋白沉着而变得粗糙，在呼吸过程中粗糙的胸膜壁层和脏层相互摩擦，触诊患部胸壁可感知与呼吸一致的

震颤，称为胸膜摩擦震颤。可见于纤维素性胸膜炎。

4. 皮下气肿

特征是手按压皮下气肿的皮肤，边缘不清，触之有捻发音（沙沙声），压之向周围皮下组织窜动。常见于外伤、肺气肿及牛黑斑病甘薯中毒，有时发生于气胸。

5. 胸下水肿

特征是表面扁平且与周围组织界限明显，压之如生面团样，留有指痕。常见于创伤性心包炎、心衰及重度贫血和营养不良等。

6. 肋骨变形

见于佝偻病、软骨病和肋骨骨折。另外，胸壁的散在性扁平丘疹，常提示荨麻疹；伴有痒感的小结节样疹、水泡、皮肤增厚、脱毛落屑等应考虑螨病或湿疹。

二、胸部叩诊检查

胸部和肺的叩诊检查，主要是为了判定肺部有无能用叩诊法检查出的实变区、肺叩诊区有无病理性改变及胸腔内有无积液等。

（一）叩诊方法

大动物宜用槌板叩诊法，小动物宜用指指叩诊法。

对大动物叩诊时，应一手持叩诊板将其顺着肋间隙密贴放置，另一手持叩诊锤以腕关节作为轴，垂直向叩诊板中央做短促叩击，一般每点叩击 2 ～ 3 次。叩诊应注意顺序，一般对两侧肺区均应自上而下、自前向后地沿每个肋间进行全面的叩诊，如发现异常，则与周围健区及健侧相应区域进行比较叩诊，以正确判断其病理变化。

（二）肺叩诊区的确定

叩诊健康家畜肺区，发出清音的区域，称为肺叩诊区。肺叩诊区仅表示肺的可叩诊检查的投影部位，并不完全与肺的解剖界限相吻合。由于家畜肺的前部被发达的肌肉和骨骼所掩盖，以致叩诊不能振动深在的肺脏，因此，家畜的肺叩诊区，比肺脏实体约小 1/3。家畜的肺叩诊区因种类不同而有所差异，但均略呈三角形。瘦牛除正常叩诊区外，在肩前 1 ～ 3 肋间部尚有一狭窄的肩前叩诊区。

上界，为与脊柱平行的直线（沿背最长肌下缘所划的平行线），距背正中线一掌宽处。

前界，沿肩胛骨后缘以及肘肌群向下作直线，止于第5肋间（肘突）。

后下界，三线法（以马为例）。髋结节线与16肋间的交点；坐骨结节线与14肋间的交点；肩端节线与10肋间的交点。由第17肋间与脊柱交接处开始，经以上三交点止于第5肋间（肋突）所划的弧线（肋突）。

一线法（胸廓二等分线）：

马属动物（18）：倒数第2肋基部经胸廓二等分线与第11肋相交点至肘突画的弧线。

牛属动物（13）：倒数第2肋基部经胸廓二等分线与第9肋相交点至肘突画的弧线。

羊属动物（13）：倒数第2肋基部经胸廓二等分线与第7肋相交点至肘突画的弧线。

猪属动物（14～16）：倒数第2肋基部经胸廓二等分线与第8肋相交点至肘突画的弧线。

1. 牛、羊肺叩诊区

（1）牛

牛肺叩诊区可分为胸部和肩前两部分。

胸部叩诊区亦近似三角形，比马叩诊区小，其前界为自肩胛骨后角沿肘肌向下所引类似“S”形曲线，止于第4肋间；叩诊区上界为与脊柱平行的直线，并距脊背中线10 cm左右；后下界为从第12肋骨与上界线相交处开始，向下向前所引经髋结节水平线与第11肋骨相交点、肩端水平线与第8肋骨相交点，止于第4肋骨间与前界相交的弧线，但在左胸侧，因有瘤胃的影响，第9肋骨以后的肺叩诊音不易判别。

肩前叩诊区只是在瘦牛将其前肢向后牵引后，才能在肩前1～3肋间所呈现的上宽6～8 cm、下宽2～3 cm的狭窄叩诊区。在此叩诊区检查，有助于对肺结核及犊牛地方流行性肺炎进行诊断。

（2）羊

绵羊、山羊肺叩诊区与牛胸部叩诊区基本相同，叩诊区的后界为经髋结节水平线与后数第2肋间相交点，经肩关节水平线与后数第5肋骨相交点的弧线。羊无肩前叩诊区。

2. 猪肺叩诊区

猪肺叩诊区的前界和上界与牛相同。上界距背正中线3～4指；后下界为自髋结节水平线与第11肋骨相交点开始，向下向前所引经坐骨结节水平线与第9肋骨相交点、肩端水平线与第7肋骨相交点，止于第4肋骨间的弧线。肥猪的肺叩诊区不清楚，其上界要往下移，而前界则往后移。

3. 马肺叩诊区

肺叩诊区略呈直角三角形，其前界为自肩胛骨后角向下至第5肋间所引的垂线，上界为自肩胛骨后角所引与脊柱的平行线，距背正中线约一掌宽（10 cm左右）；后下界为从第17肋骨与上界相交处开始，向下向前经下列诸点所划的弧线，经髋结节水平线与第16肋骨相交点、坐骨结节水平线与第14肋骨相交点、肩端水平线与第10肋骨相交点，止于第5肋间与前界相交的弧线。

4. 犬肺叩诊区

前界为自肩胛骨后角并沿其后缘所引线止于第6肋间下部，上界为自肩胛后角所引水平线，距背正中线2～3指宽，后下界为自第12肋骨与上界线相交点开始，向下向前所引经髋结节水平线与第11肋骨相交点、坐骨结节水平线与第10肋骨相交点、肩端水平线与第8肋骨相交点，止于第6肋间下部与前界相交的弧线。

（三）肺叩诊区的病理变化

主要表现为扩大或缩小，肺叩诊区的病理改变主要表现为扩大，有时也可见缩小。变动范围与正常叩诊区相差2～3 cm以上时，可确认为病理现象。

1. 肺叩诊区扩大

为肺过度膨胀（肺气肿）和胸腔积气的结果。当肺过度充气时，则肺界后移，心脏绝对浊音区缩小。急性肺气肿时，肺后界后移常达最后一肋骨，心脏绝对浊音区消失。慢性肺气肿时，肺后界后移，向下方扩大，但心脏浊音区常因在右心室肥大而移位不明显。气胸时，肺的后界也后移。

2. 肺叩诊区缩小

见于怀孕后期，急性胃扩张、急性瘤胃臌气、肠臌气、腹腔大量积液等。可因腹内压增高，将肺的后缘向前推移所致。可见于急性瘤胃臌气、急性胃扩张、肠臌气等病过程中，也可因心脏体积增大，使心区肺缘向后上方移位所致。当心肥大、心扩张和心包积液时，心浊音可能向后上延伸致肺叩诊区缩小，可见于心脏肥大、心脏扩张、心包炎（牛创伤性心包炎）和心包积液等。在牛创伤性心包炎时，心脏浊音区扩大，而肺叩诊区缩小为其特殊表现。右侧肺界缩小，可见于肝脏肿大，如肥大性肝硬化等。另叩诊时，动物表现回视、躲闪、反抗等疼痛不安现象，常见于胸膜炎。

（四）肺脏的叩诊音

1. 肺的正常叩诊音

胸部叩诊音是由胸壁的振动音和肺组织及肺泡内空气柱振动音组成的综

合音。其性质和强弱受胸壁厚度、肺内含气量和叩诊力量等因素影响。由于家畜胸壁各处的厚度和肺脏各部的含气量不同，再加之胸腔后下部又有腹腔器官（如肝脏、胃肠）的影响，健康家畜肺叩诊区各部所呈现的叩诊音也不完全相同。一般在肺叩诊区中部叩诊音较响亮，而其周围部分的叩诊音则较弱而短，带有半浊音性质。大家畜肺正常叩诊音呈现清音，特征为音响较长、较大而洪亮，音调较低，以肺中的1/3为界声音逐渐减弱。小动物（犬、猫、兔等）由于肺的空气柱震动较小，正常肺区的叩诊音均甚清朗，稍带鼓音性质。

2. 影响肺叩诊音的主要因素

（1）胸壁厚度

如动物肥胖、皮下浮肿、患纤维蛋白性胸膜炎时，由于胸壁肥厚，叩诊音较浊、较弱。而消瘦的动物胸壁较薄，叩诊区呈明显的清音。

（2）肺泡壁的弹性及肺泡内含气量

肺泡壁弛缓、失去弹性则叩诊产生过清音。依肺泡内含气量减少的程度不同，可使叩诊音变为半浊音、浊音。肺实变时，叩诊音则呈浊音。

（3）胸膜腔的状态

胸腔积液以液面为分界线，下部呈水平线，上部呈过清音；气胸时，叩诊呈鼓音。此外，叩诊用力、技巧及叩诊器的质量等因素均可影响叩诊音的性质。

3. 胸、肺病理叩诊音

在病理情况下，胸肺部叩诊音的性质可发生明显变化，并在不同的病理状态下，可呈现不同的异常叩诊音。

（1）浊音、半浊音

叩诊病畜肺部呈现半浊音，是为肺组织被浸润，肺内含气量减少所致。可见于肺充血与肺水肿、大叶性肺炎的充血渗出期与溶解吸收期等；肺泡内充满炎性渗出物，肺组织发生实变而发出浊音；肺内形成无气组织如肿瘤、棘球蚴囊肿等；胸腔积液或胸壁增厚。根据病变的大小和范围不同，叩诊时可表现为大片浊音区和局灶性浊音区。

（2）鼓音

为肺内形成洞壁光滑、紧张度较高的肺空洞（其直径不小于3～4 cm，距离胸壁不超过3～5 cm）或胸腔积气所致。叩诊大叶性肺炎的充血期和消散期及其炎性浸润，在小叶性肺炎时，浸润病灶和健康肺组织掺杂存在，此时叩诊病灶周围的健康组织可发生鼓音；还见于肺脓肿、肺坏疽等引起肺空洞、气胸。当膈肌破裂，进入胸腔的肠管发生充气时，叩诊则呈局限性鼓音。

但当肠管内为液体或粪便时，则呈浊音或半浊音。

（3）过清音

过清音是为清音和鼓音之间的一种过渡性声音，其音调较高接近鼓音，类似敲打空盒的声音，故又称为空盒（匣）音。为肺泡扩张、含气量增多所致。可见于肺泡气肿及各型肺炎病变周围健康肺组织代偿性气肿、大叶性肺炎的消散恢复期等。提示肺组织过度充气、弹性下降，见于肺气肿。

（4）破壶音

一种类似叩击破瓷壶所产生的声响。此乃空气受排挤而突然急剧地经过狭窄的裂隙所致。是在肺组织有空洞，并通过支气管与外界相通，叩诊时，空洞内气体急速通过狭小的支气管排出，在排出过程中所形成的声音。见于支气管相通的大空洞，如肺脓肿、坏疽和肺结核等形成大空洞的疾病过程中。

（5）金属音

类似敲打金属板的音响或钟鸣音，其音调较鼓音高朗，当肺部有较大的空洞且位置浅表、四壁光滑而紧张时，叩诊才发出金属音。当气胸或心包积液、积气同时存在而达一定紧张度时，叩诊亦可产生金属音。

4. 叩诊敏感反应

叩诊敏感或疼痛时病畜主要表现为回顾、躲闪、抗拒、呻吟等，有时还可引起咳嗽，为胸部疼痛敏感的表现。见于胸膜炎、肋骨骨折或胸部的其他疼痛性疾病。叩诊引起咳嗽，也可见于幼畜支气管炎和支气管肺炎等。

三、胸部听诊方法

胸、肺听诊目的在于查明支气管、肺和胸膜的机能状态。确定呼吸音的强度、性质和病理性呼吸音。

听诊和叩诊配合应用、相互补充，对胸腔和肺的疾病诊断更准确，是诊断肺和胸膜疾病比较可靠的方法。家畜肺听诊区与叩诊区是基本一致的。

（一）胸部听诊方法

对家畜胸、肺部的听诊检查，必须在安静环境下（最好在室内）进行。大动物常用间接听诊法，在特殊情况下也可采用直接听诊法；在野外吹风的情况下对幼小动物可用直接听诊法。

听诊时，宜先从中 1/3 开始，由前向后逐渐听取，其次上 1/3，最后下 1/3，每一听诊点的距离为 3 ～ 4 cm，每个部位听 2 ～ 3 次呼吸音，再变换位置，直至听完全肺。如发现异常呼吸音，则应确定其性质。为此宜将异常呼吸音点与其邻近部位比较，必要时还应与对侧相应部位对照听诊。当呼吸音不清楚时，可采取人工方法增强呼吸（如将动物做短暂的驱赶运动，或短时间闭塞鼻孔），再行听诊。

（二）各种动物胸、肺的听诊方法

1. 牛、羊的肺脏听诊

把牛牵入动物柱栏内保定，羊则站立保定。

先划出肺脏的听诊区：上界为距背中线一掌宽与脊柱平行的直线；前界自肩胛骨后角沿肘肌向下所划的类似“S”形的曲线，止于第 4 肋间；后界由三点决定，上界与第 12 肋骨的交点，髋结节水平线与第 11 肋间相交点，肩关节水平线与第 8 肋间相交点，将这三点连起来止于第 4 肋间。

术者正确戴上听诊器，站在欲检侧，一手按在胸背部作支点，另一手持听诊器拾音头，紧贴胸壁听诊。把听诊区分成上、中、下三部分，先听中部，由前向后，再听上部，最后听下部。

2. 猪的肺脏听诊

使猪站立保定。

划出肺脏听诊区：上界距背中线 4 ～ 5 指宽与脊柱平行的线；后界由三点决定，上界与第 11 肋骨的交点，坐骨结节线与第 9 肋间交点，肩关节水平线与第 7 肋间交点，将这三点连起来止于第 4 肋间。

术者正确戴上听诊器半蹲于欲检侧，一手按在胸背部做支点，另一手持听诊器拾音头密贴胸壁听诊。把听诊区分成上、中、下三部分，先听中部由前向后，再听上部，最后听下部。

3. 马的肺脏听诊

把马牵入动物柱栏内保定。

先划出肺脏的听诊区：上界为距背中线一掌宽与脊柱平行的直线；前界自肩胛骨后角沿肘肌向下至第 5 肋间所划的直线；后界由三点决定，上界与第 17 肋骨的交点，髋结节水平线与第 16 肋间相交点，坐骨结节水平线与第 14 肋间的交点，肩关节水平线与第 10 肋间交点，这三点连起来止于第 5 肋间。

术者正确戴上听诊器，站在欲检侧，一手按在胸背部作支点，另一手持听诊器拾音头，紧贴胸壁听诊，把听诊区分成上、中、下三部分，先听中部，由前向后，再听上部，最后听下部。

4. 犬的肺脏听诊

使犬站立保定。

划出肺脏听诊区：上界距背中线 4 ～ 5 指宽与脊柱平行的线；后界由三点决定，上界与第 11 肋骨的交点，坐骨结节线与第 9 肋间交点，肩关节水平

线与第 7 肋间交点，将这三点连起来止于第 4 肋间。

术者正确戴上听诊器半蹲于欲检侧，一手按在胸背部做支点，另一手持听诊器拾音头密贴胸壁听诊。把听诊区分成上、中、下三部分，先听中部由前向后，再听上部，最后听下部。

四、生理性呼吸音

家畜呼吸时，气流进入呼吸道和肺泡发生摩擦，引起漩涡运动，而产生声音。健康家畜肺区内一般都可听到两种不同性质的声音，即肺泡呼吸音和支气管呼吸音（在牛、羊、猪的肺区前部及犬的整个肺区内还可听到生理性支气管呼吸音）。

（一）肺泡呼吸音

正常肺泡呼吸音比较微弱，类似柔和吹风样的“夫夫”音（将唇做成发“夫”音的口形，缓慢地吸入或呼出气体所发的声音，类似肺泡呼吸音），一般在健康家畜的肺区内可以听到。其特点是吸气时较明显而长，在整个吸气期间都可听到，于吸气之末最为清楚，呼气时则变短而弱，仅于呼气的初期可以听到。

这是由于吸气是一种主动运动，单位时间内吸入肺泡空气量较大，因此气流速度较快，肺泡维持紧张的时间较长，故肺泡呼吸音在吸气时较明显，时间也长。而呼气则为被动运动，呼出的气流逐渐减弱，肺泡壁随之逐渐转为弛缓，故肺泡呼吸音仅在呼气初期能听到，在呼气的末期不能听到。

肺泡呼吸音在肺区中 1/3 处比较明显，上部较弱，而在肘后、肩后及肺的边缘部则很微弱，甚至不易听到。

1. 形成肺泡呼吸音的因素

空气由细小的支气管进入比较宽广的肺泡内产生漩涡运动，气流冲击肺泡壁产生的声音。

毛细支气管和肺泡入口之间空气出入的摩擦音。

肺泡舒张或收缩过程中由于弹性变化所形成的声音。

此外，还有部分来自上呼吸道的呼吸音也参与肺泡呼吸音的形成。

2. 影响肺泡呼吸音强度的因素

肺泡呼吸音的强度还常因家畜种类、年龄、营养状况及胸壁厚度的不同而有差异。

因畜种不同，强弱顺序依次为马、牛、羊、猪。

一般羊的肺泡呼吸音较明显，牛次之，马的最微弱，故在外界气温不高、平静休息的状态下，常不易听到。但犬、猫的肺泡呼吸音又比其他家畜明显而强。幼畜的肺泡呼吸音较明显，成年家畜次之，老龄家畜微弱。

运动、使役时肺泡呼吸音比静止休息时强。夏天高温时比冬天低温时强。营养良好、胸廓宽广家畜的肺泡呼吸音，则比营养不良、胸廓狭窄家畜的肺泡呼吸音弱。深呼吸时肺泡呼吸音比浅呼吸时强。

（二）支气管呼吸音

支气管呼吸音是一种类似将舌抬高而呼出气时所发生的“赫赫”音，或以强的“ch”音形容。支气管呼吸音是空气通过声门裂隙或气管、支气管时产生气流漩涡所致。故支气管呼吸音实为喉、气管呼吸音的延续，但较气管呼吸音弱，比肺泡呼吸音强，是气管呼吸音、肺泡呼吸音的混合音。

支气管呼吸音的特征为吸气时较弱而短，呼气时较强而长，声音粗糙而高。此乃呼气时声门裂隙较吸气时更为狭窄之故。

生理状态下，听诊最佳位置在牛的第 3 ～ 4 肋间肩端水平线上下。可听到混合性支气管呼吸音。

绵羊、山羊和猪的支气管呼吸音大致与牛相同，但更为清楚。

只有犬，在其整个肺部都能听到明显的支气管呼吸音。

健康马、骡，由于肺泡内充满空气，传音不良，肺部听不到支气管呼吸音。

五、病理性呼吸音

在病理情况下除正常呼吸音的性质和强度发生改变外，还常呈现其他异常呼吸音，统称为病理性呼吸音。

（一）肺泡呼吸音的病理改变

1. 肺泡呼吸音普遍性增强

肺泡呼吸音普遍性增强的特征为两侧和全肺的肺泡音均增强，如重读“夫夫”之音。肺泡呼吸音普遍性增强，是呼吸中枢兴奋、呼吸运动和肺换气加强的结果。见于发热疾病、细支气管炎、肺炎或肺充血，代谢亢进性疾病及其他伴有一般性呼吸困难的疾病，这种普遍性增强的现象，表明呼吸中枢兴奋、呼吸运动和肺换气加强、机体需氧量增大，呼吸、通气增强，是全身性症状的一部分，并不标志着肺实质的原发性病理变化。

2. 肺泡呼吸音局限性增强

肺泡呼吸音局限性增强，亦称代偿性增强，是病变侵害一侧或部分肺组织，使其呼吸机能减退或消失，而健侧肺或无病变的部分呈代偿性呼吸机能

亢进的结果。特点是肺泡音在一侧肺或局部肺泡呼吸音增强，常伴发一侧或局部肺泡呼吸音减弱或消失，或出现支气管呼吸音。配合胸部叩诊时，常可发现相应的浊音和鼓音等症状。表明局部肺组织有病变，或一侧呼吸功能降低，另一侧代偿性增强。它标志着肺实质的病理变化，具有重要的诊断意义。常见于大叶性肺炎、小叶性肺炎和渗出性胸膜炎等。

3. 肺泡呼吸音粗粝

肺泡呼吸音粗粝也是肺泡呼吸音增强的一种表现。其特征是肺泡呼吸音异常增强而粗粝。主要是由于毛细支气管黏膜充血肿胀，肺泡口处变得更为狭窄，从而使空气出入肺泡口时所产生的狭窄音成分异常增强所致。可见于毛细支气管炎、支气管肺炎等疾病过程中。

4. 肺泡呼吸音减弱或消失

肺泡呼吸音减弱或消失的特征为肺泡音变弱、听不清楚，甚至听不到。可表现为全肺和局部的肺泡音减弱或消失。肺泡音减弱或消失可见情况如下：

（1）肺组织弹力减弱或消失

肺组织浸润或炎症时，肺泡被渗出物占据，不能充分扩张而失去换气能力，则该区肺泡音减弱或消失，见于各型肺炎（大叶性肺炎及传染性胸膜肺炎）、肺结核等；肺组织极度扩张而失去弹性时，则肺泡呼吸音也减弱，见于肺气肿。

（2）进入肺泡的空气不足或流速减慢

上呼吸道狭窄（如喉水肿），肺膨胀不全、全身极度衰弱（如严重中毒性疾病的后期，脑炎后期、濒死期），呼吸肌麻痹、呼吸运动减弱，进入肺泡的空气量减少，则肺泡呼吸音减弱。胸部有剧烈疼痛性疾病（如胸膜炎、肋骨骨折等），膈肌运动障碍（如膈肌炎、急性胃扩张、瘤胃臌气、肠臌气等），使呼吸运动受限，则肺泡呼吸音减弱。

（3）呼吸音传导障碍

当胸腔积液、积气、胸膜增厚、胸壁肿胀时，由于呼吸音的传导不良，则肺泡呼吸音减弱。

（4）空气完全不能进入肺泡

空气完全不能进入肺泡内时，肺泡呼吸音消失。见于支气管阻塞和肺实变的疾病。

5. 断续性呼吸音

肺泡呼吸音呈断续现象，将一次肺泡音分为两个或两个以上的分段时，称为断续性呼吸音或齿轮呼吸音。此乃部分肺泡有炎症病灶或部分细支气管狭窄，空气不能均匀进入肺泡而是分股进入肺泡所致。断续性呼吸音主要发生在吸气过程（呼气时一般不改变）。见于支气管炎、肺结核、肺硬变等。

当呼吸肌有断续性不均匀收缩时，两侧肺区亦可听到肺泡音中断现象，见于剧烈疼痛、兴奋、寒冷、惊吓刺激等，但这是由于断续性肌肉收缩造成的，并不是异常呼吸音，不反映肺实质的病变，切勿混淆。

（二）支气管呼吸音的病理变化

病理性支气管呼吸音是在胸部听到异常明显的支气管呼吸音。马属动物肺部听到支气管呼吸音（正常情况听不到支气管呼吸音），其他家畜肺区中除正常可听到混合性支气管呼吸音区域以外的部分呈现支气管呼吸音，均为病理现象。常见于以下几种情况：

1. 肺实变

肺组织实变是发生病理性支气管呼吸音最常见的原因。发生的条件为发生大面积、浅在性实变，但支气管却畅通。

肺实变的范围相当大（一般不能小于一拳头，否则不易听到），病变的位置较浅表且支气管畅通无阻。此时由于肺组织的密度增加，传音良好，故听诊可闻支气管呼吸音。声音强度取决于病灶的大小、位置和肺组织的密度。患病部位愈大、愈靠近大支气管和体壁，肺组织实变愈充分，则支气管呼吸音愈强，反之则弱。

常见于广泛性肺结核、大叶性肺炎和传染性胸膜肺炎的肝变期，以及牛肺疫及猪肺疫等其他类型的肺炎和伴发肺炎的某些传染病和寄生虫病过程中。

2. 压迫性肺不张

当渗出性胸膜炎、胸腔积液等压迫肺组织时，由于胸腔内积液压迫被浸于其中的肺组织引起脾变，造成压迫性肺膨胀不全，肺组织变得较为致密，有利于支气管呼吸音的传导，故在水平浊音界上缘附近区域也可听到支气管呼吸音。此种支气管呼吸音隔着厚层液体传出。沿水平浊音区上界听诊时，能听到较微弱似来自远方的支气管呼吸音。

3. 肺内有大空腔

肺内有大空腔有利于音响传导，并使空腔壁振动发生共鸣，而听到支气管呼吸音。常见于肺炎、肺结核等。

支气管呼吸音和肺泡音增强容易混淆，临床上应注意鉴别。

（三）病理性混合呼吸音

混合呼吸音（支气管肺泡音）的特征是在吸气时出现柔和的肺泡呼吸音，呼气时出现粗糙的支气管呼吸音，形成类似“夫一赫”的声音。混合性呼吸音产生的原因是：①较深部的肺组织发生实变，而周围被正常的肺组织所遮

盖；②浸润实变区和正常肺组织掺杂存在；③肺部实变逐渐形成或开始溶解消散，肺泡呼吸音和支气管呼吸音混合出现，称为混合性呼吸音或支气管肺泡性呼吸音。

可见于小叶性肺炎、大叶性肺炎的初期或溶解消散期、散在性肺结核等病过程中。在胸腔积液的液面上方萎陷的肺组织处有时亦可听到混合性呼吸音。

（四）啰音

啰音是一种最常见的病理性附加音。为伴随呼吸而出现的附加音响，是一种重要的病理象征。按其性质可分为干啰音和湿啰音两种。

1. 干啰音

是当支气管分泌物黏稠或支气管黏膜肿胀、狭窄，气流通过时产生的音响，其性质类似于哨音、蜂鸣、笛音、飞箭音及咝咝音。其特点是在吸气和呼气时都能听到，但在吸气时最为清楚。干啰音变动性较大，可因咳嗽、深呼吸而有明显的减少或增多，或时而出现、时而消失。

干性啰音的发生机理主要有两点。一个是支气管狭窄，由于支气管黏膜炎症（黏膜充血、水肿、分泌物堵塞及黏液腺肿大等），同时可使支气管平滑肌痉挛或肿瘤压迫使得支气管管径变窄；另一个是支气管内有黏稠液体存在，空气通过狭窄的支气管腔或气流冲击附着在支气管内壁上的黏稠分泌物或薄膜引起振动而产生音响。

干啰音的性质及强度，因支气管管腔口径大小不等而有很大差别。低调深宏的啰音（鼾声、蜂鸣音），表示病变在大支气管；高调尖锐的啰音（笛音、飞箭音、咝咝音），表明病变在细支气管。广泛性干啰音见于弥散性支气管炎、支气管肺炎、慢性肺气肿及犊牛、绵羊的肺线虫病等；局限性干啰音常见于支气管炎、急性肺气肿、肺结核和间质性肺炎等。

2. 湿啰音

湿啰音又称水泡音。其性质类似于用一小细管向水中吹人空气时产生的声音。其特点是在吸气和呼气时都可听到，但在吸气末期更为清楚，也有变动，有时连续不断，有时在咳嗽后消失，经短时间后又重新出现。在临床上又可分为大、中、小三种湿啰音：大水泡音产生于大支气管中，如呼噜声或沸腾声、空洞内形成的水泡音为大水泡音；中水泡音来自中口径的支气管内，小水泡音形成于小支气管和肺泡的临近部位。湿啰音是在支气管内有稀薄渗出物存在的条件下，呼吸时气流通过引起稀薄渗出物的移动或形成气泡并破裂而产生。

湿啰音发生的机理，一方面是当支气管内有稀薄液体（如渗出液、漏出液、分泌液、血液等）存在时，气流通过液体引起液体的移动或水泡破裂而发生的声音；另一方面肺部存在含有液体的较大空洞时，如支气管与空洞相通，气流冲击空洞内液体发生震动，或支气管口位于液面下，均可发生湿啰音。

湿啰音是支气管疾病和许多肺部疾病的重要症状之一。支气管内分泌物的存在常为各种炎症的结果，如支气管炎、各型肺炎、肺结核等侵及小支气管时都可产生湿啰音。湿啰音可能为弥散性，亦可能为局限性。广泛性湿啰音，见于肺水肿；两侧肺下部的湿啰音，见于心力衰竭、肺淤血、肺出血，亦可见于吸入液体，即异物性肺炎；当肺脓肿、肺坏疽、肺结核及肺棘球蚴囊肿融解破溃时，液体进入支气管也可产生湿啰音。在靠近肺的浅表部位听到大水泡性湿啰音时，则为肺空洞的一个指征。沸腾样大水泡音见于重度心力衰竭、昏迷（管腔内液体排出困难）、濒死期。

（五）捻发音

为一种极细微而均匀的噼啪音，类似在耳边捻转一簇头发时所产生的声音。其特点为声音短、细碎、断续、大小相等而均匀。吸气时听到，尤以吸气的顶点最明显；呼气时听不到。

捻发音的发生机理，是当肺泡内含有液体（渗出液、漏出液），并将肺泡粘合起来，但并非完全实变时，吸气时黏着的肺泡突然被气体展开，或毛细支气管黏膜肿胀并有黏稠的分泌物粘着，当吸气时黏着的部分又被分开，而产生特殊爆裂音，即捻发音。捻发音常发生的部位是肺脏的后下部。

捻发音的出现，表明肺实质的病变。肺泡炎症，常见于细支气管炎、小叶性肺炎、大叶性肺炎的充血期和消散期及肺结核、毛细支气管炎、肺充血与肺水肿初期、肺膨胀不全但肺泡尚未完全阻塞时。此外，在老龄家畜或长期躺卧的患畜肺底部偶尔可听到捻发音。

捻发音与小水泡性啰音虽然很近似，但两者的性质与意义却不相同，捻发音主要表示肺实质的病变，而小水泡性啰音则主要表示支气管的病变，二者是可以区别开的。在临床上应注意与小湿啰音的区别。胸廓上的被毛与听诊器胸件的摩擦音可能极似捻发音，也应注意鉴别。

（六）空瓮呼吸音

肺脏存在空洞而且空洞与支气管相通，当气体经过支气管进入较光滑的大空洞时而产生共鸣。其性质类似于轻吹狭口瓶时所产生的声音。较柔和而深长，带有金属音色，吸气与呼气时均能听到，呼气时更为明显。是在肺内

形成周壁光滑与支气管相通的较大肺空洞，其周围肺组织又处于实变的条件下，支气管呼吸音进入空洞内共鸣而增强所致。提示有空洞性病变。见于肺脓肿、肺坏疽、肺棘球蚴囊肿破溃并形成空洞时。

（七）胸膜摩擦音

胸膜摩擦音为纤维素性胸膜炎的特征。正常胸膜表面光滑，胸膜腔内有少量液体起润滑作用，胸膜脏层和壁层摩擦时不产生音响。在胸膜发生纤维素性胸膜炎时，纤维蛋白沉着，使胸膜壁层、脏层表面变粗糙，且有纤维素附着，在呼吸运动时，胸膜壁、脏两层粗糙的胸膜面互相摩擦而产生摩擦音。其性质类似两粗糙物的摩擦，还类似于将一手平放于耳边，用另一手在此手背部摩擦所产生的声音。摩擦音的特点是干而粗糙，声音接近体表，且呈断续性，吸气与呼气时均可听到，但一般多在吸气之末与呼气之初较为明显。如紧压听诊器时，则声音增强。摩擦音的强度极不一致，有的很强，粗糙而尖锐，如搔抓声；有的很弱，柔和而细致，犹如丝织物的摩擦音。这与病变的性质、位置和面积大小、两层胸膜接触的程度及呼吸时胸廓运动的强度有关。

摩擦音常发生于肺移动最大的部位，即常发于肘后，叩诊区的 1/3 肋骨弓的倾斜部处较为明显。有明显摩擦音的部位，触诊可感到胸膜摩擦感和疼痛表现。

没有听到胸膜摩擦音时，并不能排除纤维素性胸膜炎的存在。这是由于摩擦音常出现于胸膜炎初期，当胸膜腔中存在一定数量的渗出液而将两层胸膜隔开时，则摩擦音会消失，直至渗出物吸收期，摩擦音才又重新出现。当胸膜发生粘连，也听不到摩擦音。摩擦音通常只在若干小时内可以听到，但也可能保持数天或更长时间。

胸膜摩擦音为胸膜炎的示病症状。可见于大叶性肺炎、各型传染性胸膜肺炎、胸膜结核、猪肺疫、牛肺疫、犬瘟热、马传染性胸膜肺炎、肺结核等病过程中。此外，在高度脱水时也可发生胸膜摩擦音。

当胸膜肺炎时，啰音和摩擦音可能同时出现，应注意鉴别。

（八）胸腔拍水音（击水音）

在胸腔内有积液和气体同时存在的条件下，随着患畜呼吸运动或突然改变体位及心搏动时，振荡或冲击液体而产生，类似摇振半瓶水或水浪撞击河岸时产生的声音，吸气和呼气时都能听到。提示胸腔内液体和气体并存。常见于气胸并发渗出性胸膜炎（水气胸）、厌气菌感染所致的化脓腐败性胸膜炎（脓气胸）和创伤性心包炎。

在听诊肺部时，常可听到与呼吸无关的一些杂音，这些杂音往往干扰听诊，特别是初学者有时会误认为呼吸音。在这一类声音中，有吞咽食物、嗳气、呻吟和肌肉震颤引起的声音，及异常高朗的心音及胃肠蠕动音等，对此应特别予以注意。

病理性呼吸音的共同特点为常伴随呼吸运动而出现，动物表现出呼吸器官的其他症状，而其他杂音的发生则与呼吸运动无关。

第六章 消化系统检查

第一节 饮食状态观察

一、饮食欲检查

在临床检查中，主要用问诊和视诊的方法检查动物采食的数量、采食持续时间的长短、咀嚼的力量和速度、腹围的大小，必要时进行饲喂或饮水试验，以了解动物对饲料或饮水的要求和采食量或饮水量的多少等，从而判定动物的食欲和饮欲状态。

（一）食欲

食欲是动物对采食饲料的需求。食欲是否正常，是动物健康与否的重要标志。生理情况下食欲常因饲料的种类、品质、饲喂方式、饲喂环境、饥饿和疲劳程度以及动物的个体特点等因素的影响而发生变化。如马在疲劳后，暂不采食；离群独养或母子分离，常使动物 1 ～ 2 日内食欲减少；牛和犬在陌生的厩舍中常会拒绝采食；有的家畜在更换饲喂人员后也会出现拒食。但上述现象是暂时性的，一旦适应后，也会恢复正常。另还可参考是否剩草、剩料以及腹围的大小等综合判定。应注意与病理状态下的食欲改变加以区别。食欲的病理变化，常见的有食欲减退、食欲废绝、食欲不定、食欲亢进及异嗜。

1. 食欲减退

是许多疾病的共同表现，病畜表现为不愿采食或采食量明显下降，即使给予优质适口的饲料采食也不多，是消化机能轻度障碍的表现，因消化器官本身的疾病引起，如口炎、牙齿疾病、咽及食管的疾病、胃肠病、热性病、疼痛性疾病、代谢障碍、脑病、慢性中毒、单胃兽的维生素 B 缺乏症及能引起消化机能轻度障碍的其他疾病。

2. 食欲废绝

表现为食欲完全消失，病畜拒绝采食任何饲料。长期拒食饲料是消化机能严重障碍或病情重剧的表现，常预后不良。见于各种高热性疾病、剧痛性疾病、中毒性疾病、重症消化道疾病（如急性瘤胃臌气、急性肠臌气）、肠阻塞、肠变位及其他重病。

3. 食欲不定

表现为食欲时好时坏、变化无常。见于慢性消化不良、牛创伤性网胃炎等。

4. 食欲亢进

表现食欲旺盛，采食量异常增多。主要是由于机体能量需要增加，代谢加强，或对营养物质的吸收和利用障碍所致。可见于重病恢复期、消化道寄生虫以及长期饥饿、代谢障碍性疾病（如糖尿病）、内分泌疾病（如甲状腺机能亢进）、机能性腹泻等。营养物质吸收和利用障碍所引起的食欲亢进，尽管采食量增加，但患畜仍呈现营养不良，甚至逐渐消瘦。

5. 异嗜

异嗜是食欲扰乱的另一种异常表现，其特征是患畜采食正常饲料以外的物质或异物，如灰渣、泥土、粪便、木片、碎布、被毛、污物等。异嗜现象常见于幼畜。异嗜多提示为营养代谢障碍和矿物质、维生素、微量元素缺乏性疾病的先兆，如骨软病、佝偻病、维生素缺乏症、幼畜白肌病、仔猪贫血等。鸡的啄羽癖、啄肛癖，猪的咬尾、吞仔癖或吞食胎衣均系恶癖，或是饲料中某些营养物质（尤其是蛋白质及矿物质）缺乏的表现。此外，慢性胃卡他、脑病（如狂犬病）的精神错乱、胃肠道寄生虫病（如猪蛔虫病）均可引起异嗜。

（二）饮欲

主要是检查家畜饮水量的多少。饮欲是由于机体内水分缺失，细胞外液减少，血浆渗透压增高，致使唾液分泌减少，口、咽黏膜干燥，反射性地刺激丘脑下部的饮欲中枢所引起的。健康家畜的饮水量常受环境、温度、运动、饲料中含水量及肾、皮肤和肠管机能状态等因素的影响而有所变化。饮欲的病理变化有饮欲增加和饮欲减少两种。

1. 饮欲增加

病畜表现为口渴、饮水量显著增加。常见于发热性疾病、脱水性疾病（如剧烈呕吐、重剧腹泻、过度利尿、出汗过多、渗出性胸膜炎或腹膜炎）、猪、鸡食盐中毒和牛真胃阻塞等。犊牛水中毒时，可见病犊狂饮不止。

2. 饮欲减退或废绝

病畜表现为不喜饮水或饮水量减少。可见于咽麻痹、食道完全阻塞、伴有意识障碍的脑病、重危疾病及不伴有呕吐和腹泻的胃肠病。马骡剧烈腹痛时，常拒绝饮水，如出现饮水多为病情好转的征兆。

二、采食、咀嚼和吞咽的检查

各种家畜都有其固有的采食方法，如猪张口吞取食物，牛用舌卷食草料，马和羊用唇拔啃，用切齿切取饲草。应观察和熟悉这些生理状态。

在病理状态下，可出现采食、咀嚼和吞咽障碍。

（一）采食障碍

可表现为采食不灵活，或不能用唇、舌采食，或采食后不能利用唇、舌运动将饲料送至臼齿间进行咀嚼。可见于唇、舌、齿、下颌、咀嚼肌的直接损伤，如口炎、舌炎、齿龈炎、异物刺入口黏膜、下颌关节脱臼、下颌骨骨折及放线菌病、骨软症等，某些神经系统疾病，如面神经麻痹、破伤风时咀嚼肌痉挛以及脑和脑膜的疾病均可引起采食障碍。

（二）咀嚼障碍

表现为咀嚼缓慢、咀嚼痛苦、咀嚼困难等。动物咀嚼缓慢，次数减少；咀嚼谨慎不敢用力，在咀嚼过程中因疼痛突然停止，将饲料吐出口外（即吐槽），然后又重新采食；咀嚼费力，张口困难，严重的甚至完全不能咀嚼。咀嚼扰乱常为牙齿、颌骨、口黏膜、咀嚼肌及相关支配神经的疾患，如牙齿磨灭不正，齿槽骨膜炎，侵害面骨和下颌骨的骨软病和放线菌病，严重口腔炎，破伤风时的咀嚼肌痉挛、面神经麻痹，舌下神经麻痹以及脑病、士的宁中毒等。

此外，空嚼、磨牙或切齿声，多见于伴有疼痛的疾病（如牛前胃弛缓、创伤性网胃炎和皱胃疾病、马疝痛），神经系统受侵害（如破伤风、传染性脑脊髓炎）及中毒。

（三）吞咽状态的观察

吞咽动作是动物的一种复杂的生理性反射活动。由舌、咽、喉、食管及胃的贲门以及吞咽中枢与其相联系的传入、传出神经共同协调而完成。在病理状态下，可见有吞咽障碍和咽下障碍两种形式。

（四）吞咽障碍

特点是病畜表现明显的吞咽困难，在吞咽时，摇头，伸颈，前肢刨地，屡次试图吞咽而中止或吞咽时引起咳嗽并伴有大量流涎，在马常有饲料残渣、唾液和饮水经鼻返流。吞咽障碍常由于咽、食管的机械性阻塞，咽喉部损害（如咽炎、咽肿瘤、咽周围淋巴结肿胀），吞咽中枢或有关神经（三叉神经、面神经、舌咽神经、迷走神经、舌下神经）疾患，使咽肌痉挛或麻痹所致。

（五）咽下障碍

特点是病畜吞咽并不困难，但食物入胃发生障碍，吞咽后不久，呈现伸颈、摇头，或食管的逆蠕动，由鼻孔逆流出混有唾液的饲料残渣，或流出蛋清样唾液。咽下障碍常见于食管疾病，如食管阻塞、食管炎、食管痉挛或麻痹、食管狭窄等。

三、反刍

食草动物采食后，周期性地将瘤胃中的食物返回至口腔重新咀嚼后再咽下的过程，称为反刍。反刍是反刍动物特有的消化机能活动，通常在安静或休息状态中进行，反刍活动与前胃、真胃的功能及反刍动物的全身状态有密切关系。反刍障碍、完全停止是反刍兽病理状态程度严重的标志之一。因此，观察动物的反刍活动对疾病诊断和预后均有重要意义。

健康的反刍动物采食 30 分钟至 1 小时后开始反刍，对每个返回口腔的食团咀嚼 40 ～ 70 次（水牛为 40 ～ 45 次）后再咽下，每次持续时间为 30 ～ 50 分钟，每昼夜反刍 6 ～ 8 次。绵羊和山羊的反刍活动较牛为快。反刍活动通常在安静或休息状态下进行，并常因外界环境影响而暂时中断。

反刍机能障碍，分为反刍机能减弱和反刍完全停止。

（一）反刍机能减弱

主要是前胃机能障碍的结果，具有不同的特点。反刍迟缓，即开始出现反刍的时间延迟，如采食后 3 ～ 4 小时才出现反刍；反刍稀少，即每昼夜反刍的次数减少，如每昼夜仅反刍 1 ～ 2 次；反刍短促，即每次反刍持续时间过短，如每次反刍仅持续 5 ～ 15 分钟，反刍无力，即反刍时咀嚼无力，时而中止，每个食团咀嚼次数减少，如每个食团咀嚼次数减少至 10 ～ 30 次。反刍时病畜伸颈，不断发出呻吟声，称为反刍痛苦。常见于前胃疾病（如前胃弛缓、瘤胃积食、瘤胃臌气、创伤性网胃炎）、热性病、中毒病、代谢病和脑病等。

（二）反刍完全停止

是前胃运动机能严重障碍、病情危重的表现，可见于重症的前胃、皱胃疾病及其他重症疾病。顽固性的反刍功能障碍，多提示为创伤性网胃炎或严重的全身性疾病（如结核病的后期、恶病质）等。

四、嗳气

嗳气是反刍动物特有的一种生理现象，是排出瘤胃内气体的主要途径。健康奶牛一般每小时嗳气 20 ～ 30 次，黄牛 17 ～ 20 次，绵羊 9 ～ 12 次，山羊 9 ～ 10 次。反刍动物嗳气时，可在左侧颈部沿食管沟处看到由下向上的气体移动波，有时还可听到嗳气的咕噜音。

嗳气的异常变化主要有嗳气增加、嗳气减少或停止。

（一）嗳气增加

急性瘤胃臌气的初期，可见一时性嗳气增多，后期转为嗳气减少乃至完全停止。

（二）嗳气减少或停止

嗳气减少常由于前胃运动机能减弱或麻痹、瘤胃内微生物发酵不足以及瘤胃内气体排出受阻（如食管阻塞）所致。见于前胃弛缓、瘤胃积食、创伤性网胃炎、瓣胃阻塞、皱胃疾病以及继发前胃机能障碍的热性病和传染病。嗳气完全停止可见于食管完全阻塞以及瘤胃臌气的后期等。

单胃动物发生嗳气，均为病理现象。如因过食、幽门痉挛、胃酸过少，致使胃内容物异常发酵产气，有过量的气体蓄积所致，此为病理状态。在马属动物，出现嗳气现象，多提示急性气胀型胃扩张，且预后不良。

五、呕吐的观察

胃内容物不自主地经口或鼻腔排出，称为呕吐。除肉食兽外，各种家畜的呕吐都属于病理现象。由于胃和食管的解剖生理特点和呕吐中枢的感受能力不同，各种家畜发生呕吐的难易也不一样。肉食兽容易发生呕吐，猪次之，反刍兽再次之，马则极难发生，一般仅有呕动动作，在疾病严重时才有胃内容物经鼻孔返流现象。

各种家畜呕吐时，一般都有不安、头颈伸直等表现。肉食兽和猪呕吐的胃内容物由口排出。反刍兽呕吐的胃内容物经口、鼻排出，但其呕出的多为前胃（主要是瘤胃）内容物，而非皱胃内容物，故一般称为返流。马呕吐的胃内容物由鼻孔排出，同时常伴腹痛不安等表现，是急性液胀型胃扩张的特征，多提示有继发性胃扩张甚至胃破裂的危险。

呕吐按其发生原因可分为中枢性呕吐和外周性呕吐两类。

（一）中枢性呕吐

因毒素、毒物直接刺激延髓中的呕吐中枢而引起，或脑中占位性病变压迫了呕吐中枢，使呕吐中枢兴奋，引起呕吐。见于脑病、脑膜炎、脑肿瘤、传染病（犬瘟热、猪瘟、猪丹毒等）、药物作用（如氯仿、阿扑吗啡）及中毒（有机磷农药中毒、尿毒症和安妥、砷、铅和马铃薯中毒）等。中枢性呕吐多有意识障碍且比较顽固，胃内容物已排空，呕吐仍不停止（空呕），或仅呕吐出部分清水，使用镇吐药不容易控制。马发生呕吐，多为预后不良的表现。

（二）外周（反射）性呕吐

是由于延脑以外的其他器官受到刺激，主要是来自消化道（如软腭、舌根、咽、食管、胃肠黏膜）及腹腔器官（如肝、肾、子宫）及腹膜的各种异物、炎症及非炎性刺激，反射性地引起呕吐中枢兴奋而发生的。见于食管阻塞、胃扩张、胃肠炎、胃内异物、小肠阻塞、腹膜炎、肝炎、肾炎、子宫蓄脓、仔猪蛔虫等。外周性呕吐则较易控制，病畜多神志清醒，与采食关系密切。

（三）呕吐和呕吐物检查

检查呕吐物应注意呕吐的频率、出现的时间和呕吐物的数量、气味、酸碱度及混合物等。采食之后出现呕吐，并短时间内不再出现，为过食现象；频繁呕吐表示胃黏膜长期受刺激所致，多见于猪的胃肠溃疡、十二指肠疾病；混有血液见于出血性胃炎及某些出血性疾病，如猫瘟热、犬瘟热；混有胆汁呈黄色或绿色的呕吐物，见于十二指肠狭窄或阻塞。呕吐物性状和气味与粪便相同，称为粪性呕吐物，主要见于猪、犬的大肠阻塞；如呕吐物常为黏液，多见于中枢神经系统患有严重疾患过程中，如某些脑炎或猪瘟。犬、猪和反刍动物的呕吐物有时混有毛团、寄生虫和异物。

六、呻吟

主要见于牛。呻吟常表示疼痛。见于创伤性网胃炎、心包炎，急性瘤胃臌气、胃肠炎、胃肠阻塞和肠变位、肠痉挛、肠扭转等。

第二节 口、咽、食管检查

一、开口及口腔检查

（一）口腔的外部检查

健康家畜的口唇，除了老龄和衰弱的马骡因其下唇组织的紧张性降低而松弛下垂外，两唇闭合均良好。病理状态下，常可出现以下情形：

1. 口唇下垂，不能闭合

可见颜面神经麻痹、昏迷、某些中毒（如马霉玉米中毒）、下颌骨骨折、狂犬病等。唇歪斜，见于一侧性面神经麻痹，唇向健侧歪斜。

2. 口唇紧张性增高

表现为双唇紧闭，口角向后牵引，不易打开。见于脑膜炎、士的宁中毒和破伤风。

3. 唇部肿胀

见于口黏膜的深层炎症，当马得血斑病时，口唇及鼻面部明显肿胀呈特征性的河马头样外观。

4. 唇部疹疱

可见于牛和猪口蹄疫、马传染性脓疱性口炎等。

（二）口腔的内部检查

1. 开口方法

对病畜进行口腔检查，应根据临床需要，采用徒手开口法或借助一些特制的开口器进行，并因动物种类的不同而采取不同的方法。

（1）马的开口法

可采用徒手开口和开口器开口。徒手开口法是一手食指和中指从一侧口角伸入口腔并横向对侧口角方向，握住舌体拉出口外，另一手拇指从对侧口角伸入并顶住上腭即可打开口腔。必要时，可应用开口器械或吊绳法。开口器开口法是将马用开口器送入口腔，使门齿对准开口器的齿槽，旋转把柄即可打开口腔。

（2）牛的开口法

可分为徒手开口法和开口器开口法。徒手开口法是检查者站于牛头侧方，可先用手轻拍牛的双眼，在其闭眼的瞬间，以一手的拇指和食指从两侧鼻孔同时伸入并捏住鼻中隔（或握住鼻环）向上提举，另一手拇指、食指、中指由口角伸入口内，将牛舌向外拉出即可。如牛骚动不安，可用绳索先固定牛角或头部。开口器开口法是将牛用开口器自口角送入口腔，旋转把柄即可。

（3）羊的徒手开口法

用两手的拇指和中指，分别自口的两侧将上下唇自口角压入齿列间，同时上下用力拉开口腔即可。

（4）猪的开口器开口法

由助手紧握猪的两耳进行保定，检查者将开口器平直伸入猪口内，待开口器前端达到口角时，将把柄用力下压，即可打开口腔进行检查或处置。

（5）犬的开口法

用两手把握犬的上下颌骨部，将颊压入齿列，使颊被盖于臼齿上，然后掰开口即可检查。或用开口器开口。

2. 口腔的内部检查

口腔检查项目主要有流涎、气味、口唇，黏膜的温度、湿度、颜色和完整性（有无损伤和发疹），舌及牙齿的变化。一般用视诊、触诊、嗅诊等方法进行。

（1）流涎

口腔中的分泌物流出口外称为流涎。家畜口腔稍湿润，无流涎现象。除牛少量流涎外，其他动物流涎均为病态。流涎较多是因唾液腺分泌机能亢进或唾液的咽下障碍所致。见于重症口炎、唾液腺炎、咽炎、咽麻痹、食道阻塞、中毒（如猪的食盐中毒和鸡的有机磷中毒）。牛群中大多数出现呈线状流涎则为口蹄疫的特征。猪口吐白沫，见于中暑、急性心力衰竭及某些中毒病。

（2）口腔气味

健康动物的口腔一般无特殊臭味，仅在采食后，可留有某种饲料的气味。病理状态下口腔内出现臭味，是由于动物消化机能紊乱、长时间食欲废绝、口腔上皮脱落和饲料残渣腐败分解而引起。可见于口炎、热性病、胃肠炎及肠阻塞、瘤胃积食等。腐败臭味常见于齿槽骨膜炎、坏死性口炎等。类似氯仿味，常见于牛的酮病。

（3）口腔黏膜

应注意其颜色、温度、湿度及形态的变化等。

①颜色。健康家畜口腔黏膜颜色淡红而有光泽。在病理情况下，口黏膜的颜色也有潮红、苍白、发绀、黄染以及呈现出血斑等变化，与眼结膜颜色

变化的临诊意义大致相同（口腔黏膜潮红，见于口炎；口腔黏膜苍白，见于贫血；口腔黏膜黄染，见于各型黄疸）。口腔黏膜极度苍白或高度发绀，提示预后不良。

②温度。可将手指伸入口腔检查。口腔温度与体温的临诊意义基本一致。口腔温度升高，见于热性病、口腔的炎症（体温不高）、胃肠炎。口腔温度降低，见于重度贫血、肠痉挛、虚脱及动物的濒死期。

③口腔湿度。口腔湿度的检查可用视诊，也可用手指检查。如检查马骡口腔湿度时，可将食指和中指伸入口腔，转动一下后取出观察。健康家畜口腔湿度中等。检指上干湿相间为湿度正常；检指干燥者为口腔稍干的表现；检指湿润者为口腔稍湿的表现。口腔湿度增加，甚至流涎，是唾液过多或吞咽障碍的结果。见于口炎、咽炎、唾液腺炎、食道阻塞、肠痉挛、有机磷农药中毒、口蹄疫、狂犬病及破伤风等。口腔黏膜干燥，为机体脱水的表现，见于热性病、马骡腹痛及脱水、马骡肠阻塞、牛瘤胃积食、胃肠阻塞及其他脱水性疾病。

④口黏膜的形态变化。口腔黏膜的红肿、水泡、脓疱、疹疱、溃烂，可见于口炎、口蹄疫、传染性水疱病、痘病、牛瘟、维生素 C 缺乏症等。某些物理、化学及机械性因素，也可引起口腔黏膜的损伤。

（4）舌

①舌苔。舌苔是覆盖在舌体表面脱落不全的上皮细胞沉淀物，并混有唾液、饲料残渣等，常呈灰白或黄白色。舌苔厚薄、颜色等变化，通常与疾病的轻重和病程的长短有关。舌苔薄白，一般表示病情轻或病程短。舌苔增厚见于胃肠疾病（胃肠卡他、胃肠炎及大肠便秘）及热性病。舌苔黄厚，一般表示病情重或病程长。

②舌色。健康家畜舌的颜色与口腔黏膜相似，呈粉红色且有光泽。在病理情况下，其颜色变化与眼结膜及口腔黏膜颜色变化的临诊意义大致相同。舌色绛红（深红或带紫色），多为循环高度障碍或缺氧的表现。舌色青紫，舌软如绵，提示病到危期，预后不良。

③舌硬化（木舌）。舌硬如木、肿胀，致使口腔不能容纳而垂于口外，可见于牛放线菌病。

④舌麻痹。舌垂于口角外并失去活动能力，见于各种类型脑炎后期或饲料中毒（如霉玉米中毒及肉毒梭菌中毒病），同时常伴有咀嚼及吞咽障碍等。

⑤舌部囊虫结节。见于猪的舌下和舌系带两侧有高粱米粒大乃至豌豆大的水泡状结节，是猪囊尾蚴病的特征。

⑥舌体咬伤、舌部创伤。可被口衔勒伤、尖锐异物刺伤，也可因中枢神

经机能紊乱而被咬伤，如狂犬病、脑炎等而引起。马舌体横断性裂伤，多因口衔勒伤所致。

（5）牙齿

牙齿病常会造成消化不良、消瘦。检查牙齿在马尤为重要。因此，当马有流涎、口臭、采食和咀嚼扰乱时，应特别注意牙齿的检查。牙齿疾病主要为牙齿磨灭不正、赘生齿、龋齿、牙齿松动、脱落等，多为矿物质缺乏的表现。牛的切齿动摇，多为矿物质缺乏的症状；切齿失去光泽，表面粗糙，有黄色或黑色斑点，出现条纹及凹窝状，常为氟中毒的表现。臼齿磨灭不正，牙齿松动，且下颌骨肿胀，多为齿槽骨膜炎的表现。老龄马骡还可见锐齿、过长齿、波状齿等。

二、咽的检查

咽的检查主要用视诊和触诊，当动物表现有吞咽障碍并随之有饲料或饮水从鼻孔返流时，应做咽部的局部检查。

（一）咽的外部视诊

视诊应注意病畜头颈姿势、咽喉局部肿胀及舌咽机能的变化。如出现咽部肿胀、运动不灵活，并见咽部隆起，有吞咽障碍及头颈伸直等姿势，则应怀疑咽炎。但需注意与腮腺炎鉴别。在腮腺炎时吞咽障碍不明显，局部肿胀范围大。

（二）咽的外部触诊

触诊者站在家畜的颈侧，以两手同时由两侧耳根部向下逐渐滑行，并随之轻轻按压以感知其周围组织状态。对健康家畜压迫咽部不引起疼痛反应。如出现明显肿胀、增温并有敏感（疼痛）反应或咳嗽时，则多为急性炎症过程。在马如伴发邻近淋巴结的弥漫性肿胀，则见于咽炎、腮腺炎、马腺疫。牛的咽部局限性肿胀，于咽的后方触到圆形的肿胀物，见于咽后淋巴结化脓、结核病和放线菌病。猪的咽部及其周围组织肿胀，并有热痛反应，除见于一般咽炎外，应考虑急性猪肺疫、咽部炭疽、仔猪链球菌病等。

三、食道的检查

当动物有咽下障碍、大量流涎并怀疑食管疾病时，应作食管检查。大动物颈部食道，常用视诊、触诊检查，而对胸腹部食管的检查用胃管探诊，有条件可行 X 线造影检查。

（一）食管视诊

注意观察吞咽动作、食物沿食管通过的情况及局部是否有肿胀。颈沟部出现明显界限的局限性膨隆，见于食管阻塞或食管扩张，如阻塞物前部食管充满饲料、唾液时可出现筒状隆起；食管出现自下而上的逆蠕动运动，常见于马的急性胃扩张，在左侧颈沟部看到自下而上，或自上而下的波浪状食管肌肉收缩，见于马的食管痉挛。

（二）食管触诊

健康家畜的食管触摸不到。触诊食管时，检查者站在患畜的颈左侧，面向患畜后方，左手放在右侧颈沟固定颈部，用右手指沿左侧食道沟触摸，感知食管状态。注意感知有无肿胀和异物、内容物硬度、有无波动感等。食道痉挛时，可感知食道呈索状物；食管发炎时，病畜表现有疼痛反应及痉挛收缩；食道阻塞时，可摸到阻塞物；食管扩张时，食道积有大量液体。

（三）食管探诊

探管选择：应根据动物种类及大小而选用不同口径及相应长度的胶管（通常称胃管）。对大家畜可选用适宜的胃管，小动物可用家畜导尿管或其他适宜的胶管。探管在使用前应以消毒液浸泡并涂以润滑油类。

1. 探诊方法

探诊前先将家畜妥善保定。将探管用温水浸泡软后涂以润滑剂（如石蜡油）。探诊时术者站于马的一侧，一手握住鼻翼软骨，另一手将探管前端沿下鼻道底壁缓缓送入（牛、羊、猪常用开口器开口后自口腔送入），当胃管前端抵达咽部时即可出现抵抗感，此时不要强行推送，可将探管轻轻转动或前后移动，趁家畜发生吞咽动作之际将探管送入食道内。若家畜不吞咽时，可用捏压咽部或牵拉舌等方法诱发吞咽动作，再将探管送入食道内。在判定无误后，继续缓慢送入直达胃内。

探管通过咽部，应立即进行试验，正确判定在食道内后送入。判定探管是否送入食管方法很多，探管准确无误在食管中的标志是：前后移动探管或用胶皮球向探管内打气时，在左侧颈沟部可见到有气流通过引起的波动，在胃部也可听到特殊音响，通常在左侧颈静脉沟触摸探管；如用口将探管内空气吸出，使舌尖或上唇接触管口时能够吸住，或将压扁的胶皮球插入探管外口内也不会鼓起来；把探管在食管内向下推进时，可感到稍有阻力；探管前端通过咽部时可引起吞咽动作或伴有咀嚼，动物表现安静。将探管外端放耳边听诊，可听到不规则的咕噜声，但无气流冲耳，用鼻嗅诊探管外端，有胃内酸臭味；将探管外端浸入水盆内，水内无气泡发生。

判定探管误插入气管内的标志是：用胶皮球向探管内打气时，在颈沟部看不到气流引起的波动，把压扁的胶皮球插入探管外口内能迅速地鼓起来，易引起咳嗽，动物表现不安，并随呼气动作而有强力的气流从探管外口涌出呼出的气流。随呼气动作，水内有规则地出现气泡。出现这种情况，应将胃管抽回到咽部，重新再送。操作的关键还是如何判断胃管插进食道还是气管。

2. 食管及胃探诊的诊断意义

食道梗塞时，探管到达梗塞部遇到阻碍，不能继续送入，若用力推送时，病畜疼痛不安，吹气不通，灌水不下，因此根据探管插入的长度，可以确定梗塞的部位。如阻塞物在颈部食道，触诊可发现该部肿大、坚硬，触压有疼痛反应，上部食道因贮积饲料、分泌物而扩张，触诊有波动感。

食管炎时探管送入食管后，如家畜表现极力挣扎、不安，试图摆脱检查，常伴有连续咳嗽，为食管疼痛的反应。

食管狭窄时，探管在食管内推送时感到阻力很大，改用细的探管可以送入，表示食管直径变小。

食管憩室时，经常因探管在食管的某段不能继续前进，但细心调转探管方向后又可顺利通过，只有当探管通过憩室后，才能继续插入。

急性胃扩张时，探管插入胃后，有大量酸臭气体或黄绿色稀薄胃内容物从胃排出。

第三节 腹部、胃、肠检查

一、腹部一般检查

（一）腹部视诊

主要观察判断腹围大小、肷窝充满程度、外形轮廓的改变。

1. 腹围的检查

在病理状态下，腹围可增大和缩小。

（1）腹围增大

除见于妊娠外，常为胃肠积气、胃肠积食及腹腔积液等原因所致。

①胃肠积气。腹围常于短时内迅速增大，尤以腹部上方显著膨胀，见于瘤胃臌气、肠臌气。左腹侧上方膨大，肷窝凸出，腹壁紧张而有弹性，叩诊呈鼓音，见于瘤胃臌气

②胃肠积食。胃肠内容物长期停滞及过度充满，胃肠积食所致者，腹围增大比较缓慢，程度较轻，并且常于接近积食器官部位的腹部明显增大。左侧方膨大，叩诊呈浊音，见于瘤胃积食。右侧肋弓后下方膨大，主要见于皱胃积食。猪胃积食时，在左肋下区明显膨胀。

③腹腔积液。腹腔内积有大量渗出液或漏出液时，腹部下方两侧呈对称性膨大下垂为其特征。触诊有波动感，有拍水音，叩诊呈水平浊音，变换动物体位，水平浊音的上界亦随之发生变化。见于腹水及腹膜炎。

（2）腹围缩小（腹围卷缩）

①腹围缩小。主要是长期营养不良、食欲紊乱、顽固性腹泻以及慢性消耗性疾病，如贫血、营养不良、寄生虫病、结核和副结核病等。

②腹围急剧缩小。多由于重剧腹泻、严重吞咽机能障碍性疾病所引起。可见于剧烈腹泻及腹肌紧张时，如急性胃肠炎、重剧咽炎、咽麻痹等。有时也因严重脱水、食欲废绝和胃肠内容物急剧减少所致。

③腹围逐渐缩小。多由于长期发热、慢性腹泻及慢性消耗性疾病所引起。可见于营养不良、发热病、慢性胃肠卡他、慢性鼻疽、结核、慢性、体内寄生虫病、副结核等。

④腹围卷缩。伴有腹壁肌肉痉挛的疾病、后肢剧痛性疾病时，造成腹肌高度紧张和强烈收缩，常表现明显的腹围卷缩。在破伤风或急性弥漫性腹膜炎初期、蹄叶炎时，因腹肌紧张，可见轻度的腹围卷缩。

2. 腹部病变的检查

应注意腹部有无局限性膨大及肿胀，如腹壁疝、腹壁浮肿、血肿及腹壁局限性淋巴外渗以及腹壁创伤等。

（二）腹部触诊

大家畜腹部触诊主要检查腹壁敏感性和紧张度及有无腹腔积液等，也常用于牛前胃及皱胃的诊断。触诊时，检查者站于家畜的胸侧，面向尾方，一手放于背部作支点，另一手平放于腹部，用手掌或手指有序地进行触压检查。依检查目的不同，采用拳、手掌或手指进行间歇性触压，应避免粗暴或突然的触压，以致动物惊恐，影响检查效果。健康家畜的腹部柔软无痛。若触诊腹壁敏感疼痛、腹部肌肉紧张板硬，动物表现躲闪、反抗、回顾等动作，提示腹膜的炎症；腹壁肌肉紧张性增高但无疼痛反应，多为腹壁肌肉紧张性增高的表现，可见于破伤风及后肢疼痛性疾病等。腹壁紧张度降低，见于腹泻、营养不良、热性病等；下腹部对称性膨大下垂，冲击触诊有波动感及拍水音，提示腹腔积液。

小动物腹部触诊的应用范围较广，不仅用于腹壁敏感性、紧张度及有无腹腔积液判定，也可进行腹腔内脏器官状态的判定。

二、瘤胃检查

反刍动物的瘤胃位于腹腔的左侧，与腹壁紧贴。瘤胃检查通常用视诊、触诊、叩诊及听诊等方法，检查在其左侧腹部进行。用听诊器于左肷部听诊，以判定瘤胃蠕动音的次数、强度、性质及持续时间；用手指或叩诊器于左肷部进行叩诊，以判定其内容物性质。

（一）视诊

主要判定瘤胃的充满程度。正常时左肷窝部稍凹陷，牛、羊在饱食后接近平坦。病理状态下，左肷部膨大、高起。见于瘤胃臌气、瘤胃积食。尤其在急性臌气时，凸出更为显著，甚至和背线一样平；如凹陷较深，可见于饥饿、长期腹泻及瘤胃消化机能障碍等。

（二）触诊

检查者站于牛的左腹侧，面向动物后方，左手放于动物背部作支点，用右手手掌或拳放于左肷上部，先用力反复触压瘤胃或冲击触诊，以感知其内容物性状，后静置以感知其蠕动强弱及频率。

触诊健康牛、羊瘤胃内容物性状，依采食前后及部位而不同。

采食前瘤胃上部有约 3 cm 厚的气体层，故较松软而稍带弹性；采食后肷窝部的硬度似捏粉样（面团样硬度），用拳压迫后，触压可留压痕，一般可保持 10 秒后恢复。触诊瘤胃中部虽感柔软，但比上部稍硬，其内容物稍坚实；瘤胃下部因食物积聚，触诊有坚实感，并由于下部腹肌张力较大，一般需行冲击或深部触诊，才能辨别其内容物性状。病理情况下，内容物性状、蠕动强度和次数，均可发生不同程度的改变。

瘤胃臌气：触诊其上部腹壁紧张而有弹性，甚至用力强压亦不能感知内容物的性状。

瘤胃积食：触压内容物硬固或呈面团样，压之留痕，恢复缓慢，时间延长，其蠕动力减弱或消失。

前胃弛缓：触诊瘤胃内容物稀软，瘤胃上部气体层可增厚至 6 cm 左右，有时虽感较硬，但量不多，瘤胃蠕动力减弱，次数减少。可见于前胃弛缓，以及引起瘤胃机能障碍的慢性前胃疾病、热性病、某些传染病。长期的、顽固性的瘤胃机能障碍，提示创伤性网胃炎。

瘤胃积液：冲击触诊瘤胃呈现波动感和振水音，可见于皱胃阻塞、皱胃变位等。

瘤胃蠕动力量微弱，次数稀少，持续时间短促，或蠕动完全消失，则标志瘤胃机能减弱，见于前胃弛缓、瘤胃积食、热性病和其他全身性疾病。瘤胃蠕动加强、次数频繁、持续时间延长，见于急性瘤胃臌气初期、毒物中毒或给予瘤胃兴奋药物时。

（三）叩诊

正常情况下，叩诊瘤胃上部呈现过清音或鼓音，中部呈现半浊音，下部则呈浊音。病理状态下，叩诊瘤胃中上部呈现鼓音，甚至带有金属音色，为瘤胃臌气的表现。叩诊瘤胃中上部，呈现浊音，多为瘤胃积食的表现。

（四）听诊

在反刍动物左肷部听诊，根据瘤胃蠕动音的强度、性质、次数和持续时间，判定瘤胃兴奋性及运动机能状态。正常瘤胃蠕动的力量较强，每次蠕动而出现逐渐增强又逐渐减弱的沙沙声，又似吹风样或远雷声。蠕动次数，牛每两分钟 2 ～ 5 次，或每分钟 1 ～ 3 次；羊每两分钟 3 ～ 6 次，或每分钟 2 ～ 4 次。每次收缩持续时间 15 ～ 30 秒。

听诊瘤胃蠕动音的变化及其诊断意义与触诊结果基本一致。凡影响瘤胃运动机能的局部性和全身性疾病，均可引起瘤胃蠕动音减弱，次数减少，音波缩短，乃至蠕动音消失。

瘤胃蠕动力量微弱，次数稀少，持续时间短促，或蠕动完全消失，则标志瘤胃机能衰弱，见于前胃弛缓、瘤胃积食、热性病和其他全身性疾病；瘤胃蠕动加强，次数频繁，持续时间延长，见于急性瘤胃臌气初期、毒物中毒或给予瘤胃兴奋药物时。

三、网胃检查

网胃位于腹部左前下方，剑状软骨的后方，约与第 6 ～ 8 肋间相对，前缘紧贴膈肌而靠近心脏，与心脏相隔 1 cm 左右，其后部在剑状软骨之上。反刍动物误食尖锐的金属异物后，常在网胃的前下方刺入胃壁引起创伤性网胃炎，进一步发展能引起膈、心包的创伤，个别情况下也可刺伤肝或肺。因此，网胃的检查重点是检查有无因异物创伤而引起的疼痛反应，必要时，使用金属探测仪和X射线检查网胃内是否有金属异物。

（一）视诊

主要观察病牛有无缓解网胃疼痛的异常姿势。如表现前高后低站立，四肢缩于腹下，起卧呻吟；或表现运动小心、步态紧张、不愿前进、下坡斜行等异常姿势，多提示创伤性网胃炎或创伤性网胃心包炎的表现。

（二）触诊

1. 拳压法

检查者蹲于牛的左前肢稍后方，以右手握拳，顶在剑状软骨部，肘部抵于右膝上，以右膝频频抬高，使拳顶压网胃区，观察有无疼痛反应。

2. 抬压法

两人用一木棍，置网胃区向上抬举，并将木棍前后移动，以观察有无疼痛反应。或两人分站牛两侧，各伸一手于剑状突起部，相互握紧，另一手同时放于鬐甲部，上抬或下压，以实施对网胃的压迫。牛出现呻吟、躲闪、反抗、企图卧下等疼痛性行为提示创伤性网胃炎。

捏压法检查者用双手捏压鬐甲部皮肤或用一手握住鼻中隔向前牵引，使头呈水平状态，用另一手捏压鬐甲部皮肤，观察有无疼痛反应。捏压健康牛鬐甲部皮肤时，其虽可呈现背腰下凹姿势，但不试图卧下。

应用以上方法检查时，如病牛表现不安、呻吟、躲闪、反抗或企图卧下等行为，甚至磨牙等，均为网胃敏感疼痛的反应，提示有创伤性网胃炎的可能。

（三）叩诊

可在网胃区进行强叩诊，观察病畜有无疼痛反应。

（四）听诊

正常情况下，在网胃区可听到网胃蠕动音，其性质类似柔和的噼啪音，多发生于瘤胃蠕动前。网胃蠕动音减弱消失，可见于创伤性网胃炎或创伤性网胃心包炎等。

四、瓣胃检查

瓣胃检查可在右侧 7 ～ 10 肋间，肩端水平线上下 5 cm 左右范围内进行。主要采用听诊和触诊的方法检查。

（一）触诊

在瓣胃区进行轻触诊或用伸直手指指尖在第 7，8，9 肋间有节奏地重压

触诊。有时在靠近瓣胃区的肋骨弓下部，表现敏感、疼痛、抗拒、不安等。多见于瓣胃阻塞。当瓣胃阻塞而体积显著增大时，瓣胃区膨隆，如在靠近瓣胃区的肋弓下部，行冲击式深部触诊，可触及坚实的瓣胃壁。

（二）听诊

正常时在瓣胃区听到微弱的瓣胃蠕动音，其性质类似于细小的沙沙音（微弱的捻发音），常随瘤胃蠕动音之后出现，在采食后较为明显。瓣胃音减弱或消失见于瓣胃阻塞、严重的前胃疾病及发热性疾病等。

五、皱胃检查

皱胃又称真胃，位于右腹部 9 ～ 11 肋骨之间，沿肋骨弓下部区域直接与腹壁接触。

可用视诊、触诊、叩诊和听诊等方法检查真胃。其中以触诊最为重要。牛于右侧第 9 ～ 11 肋间，沿肋弓下进行视诊和触诊；羊和犊牛可取左侧卧姿势，检查者手插入右肋下进行深触诊；真胃区可听取真胃蠕动音，类似肠音，呈流水音或含漱音。

（一）视诊

检查者站于牛的正后方观察，右腹部皱胃区向外膨大，下垂，左右腹壁显得很不对称。可提示皱胃阻塞、扩张。

（二）触诊

将手指插入皱胃区肋弓下，强力触压，以观察动物反应及感知皱胃敏感性和其内容物状态。如病畜呈现呻吟、回顾、躲闪及抗拒等疼痛反应，多为皱胃炎、皱胃溃疡、皱胃扭转。其内容物坚实而硬，见于皱胃阻塞；冲击触诊有波动感，并能听到振水音，多为皱胃积液（幽门阻塞、十二指肠阻塞等）。

（三）听诊

皱胃蠕动音类似于肠蠕动音，呈流水音或含漱音。皱胃蠕动音增强，可见于皱胃炎；皱胃蠕动音减弱或消失，可见于皱胃阻塞或扩张等。

六、牛、羊的肠管检查

牛、羊肠管位于腹腔右侧后半部，中间是结肠盘，盲肠位于结肠盘上方，小肠卷曲于结肠盘的周缘。肠检查的主要方法是听诊，对成年牛可用直肠检查，对犊牛和羊可用外部触诊。

（一）触诊

触诊右腹壁正常为软而不实之感，如触诊有充实感，多为肠阻塞；触诊右腹壁敏感，见于腹膜炎，如右侧肷窝部触诊有胀满感，或同时有击水音，而且叩诊呈鼓音，则可疑为小肠或盲肠变位，应结合直肠检查进行鉴别。

（二）听诊

健康反刍动物肠蠕动音短而稀少，声音也较微弱，小肠音类似含漱音、流水声，大肠音类似鸠鸣声。在放牧、喂青草和运动后，常出现生理性肠音增强，相应在舍饲、运动缺乏和饮水不足情况下，肠音多减弱。在病理状态下，可出现肠音增强、减弱和消失。

1. 肠音增强

肠音高朗，连绵不断，见于急性肠炎和内服泻剂后。

2. 肠音增强

肠音短而弱，次数稀少，见于一切热性病、瓣胃阻塞等引起消化道机能障碍的疾病。

七、牛的直肠检查

（一）检查的目的和意义

牛的直肠检查常用于妊娠诊断和母牛生殖器官疾病的诊断。此外，对其他器官（如泌尿器官、消化器官）疾病，如肠阻塞、肠套叠及皱胃扭转等的诊断都有一定意义。

（二）操作方法

牛直肠内较滑润，一般不需要灌肠。直检时一般用左手较为方便，当检查骨盆腔内脏器（膀胱、子宫等）后，检手应以水平方向渐次向前伸，进入结肠的最后段“S”状弯曲部（此部移动性较大），可以较方便地检查腹腔脏器。

1. 检查前的准备

（1）动物保定

检查时，先对动物进行适当的站立保定，将尾巴向一侧吊起。一般以六柱栏保定为好。通常要加肩绳和腹绳，以防卧倒或跳跃。

用温水灌肠，便于直检。用温水清洗肛门周围。后海穴注射普鲁卡因。

（2）术者准备

术者指甲剪短磨光，穿工作服、胶质围裙和胶靴，充分露出手臂，用肥皂清洗后，涂以滑润剂，必要时可带长袖乳胶手套或专用直肠检查手套。

2. 操作方法

术者站于牛的后方，将拇指抵于无名指基部，其余手指并拢，并稍重叠成圆锥形，以旋转动作通过肛门进入直肠。当直肠内有宿粪时，应小心纳入手掌心后取出，然后将手心向下以触诊膀胱。膀胱内有大量尿液时应轻轻按摩或稍加压，以促其排空或进行人工导尿。

检手沿肠管方向徐徐深入。应按照“努则退、缩则停、缓则进”的要领进行操作，当被检动物努责时，检手随之后退；肠管强力收缩时，检手停止不动；肠管松弛时，再继续伸入。

当检手进入直肠后，进行触摸检查，根据脏器的位置、大小、形状、移动性和敏感性，肠壁有无纵带及肠系膜状态，判断脏器是否病变。操作中注意检查手指应并拢，不得叉开手指随意抓摸，切忌粗暴，以免损伤肠管。

3. 检查顺序

直肠检查应按照一定顺序进行，这样比较容易发现异常，宜于确定诊断。一般可按肛门→直肠→膀胱→子宫→腹主动脉→瘤胃→左肾→脾→十二指肠→回肠→盲肠的顺序进行，但在临诊实际中，可根据需要灵活进行。正常时，直肠内充满稀软的粪团。如发现直肠内空虚而干涩，黏膜上附着干粪，多为肠便秘；直肠内有大量黏液或带血的黏液，则多为肠套叠或肠扭转。

牛的盲肠发生扭转时，则肠段高度充气，横于骨盆口的前方；右腹侧可触及结肠圆盘，当结肠便秘时，可感知肠内容物坚实而有压痛；空肠及回肠位于结肠盘的下方，正常感觉柔软，但肠套叠时，可触及香肠状的肠管，伴有剧痛。肠扭转时，可触到一小团柔软的肠袢，游离性较大，且与紧张的肠系膜相连。

在骨盆腔口前左侧，最易触到瘤胃的背侧，正常时，其内容物呈面团状硬度，当瘤胃积食时，其内容物充实而硬，压迫瘤胃可呈现疼痛反应；正常情况下，直肠检查不能触及皱胃，当皱胃扭转时，由于积气膨胀，占居右腹侧，甚至可达骨盆腔附近，触诊皱胃壁紧张；当皱胃阻塞时，在骨盆口前方，瘤胃的右侧、中下腹区，可触摸到阻塞膨胀的皱胃，其内容物呈面团样硬度。

牛直肠检查，更适应于母牛卵巢、子宫疾病的诊断，以及母牛发情鉴定和妊娠诊断。

八、猪的胃、肠检查

猪胃的容积较大，位于剑状软骨上方的左季肋部，其大弯可达剑状软骨后方的腹底壁。猪取站立姿势，检查者自两侧肋弓后开始，渐向后上方滑动加压触摸；或取侧卧，用屈曲的手指进行深部触诊。用听诊器于剑状软骨与脐中间腹壁听取胃蠕动音。视诊时，如左肋下区突出，病猪呼吸困难，表现不安或呈犬坐姿势，见于胃臌气或过食，当触压胃部时，引起疼痛反应或呕吐，常提示胃炎。

猪的小肠位于腹腔右侧及左侧下部；结肠呈圆锥状，位于腹腔左侧；盲肠大部分在右侧。

（一）视诊

除妊娠猪外，如腹部膨隆，则提示肠臌气。

（二）触诊

适于检查瘦小的猪。可采取横卧保定，两手上下同时配合触压，如感知有坚硬粪块呈串状或盘状，常提示肠阻塞。

（三）听诊

猪的肠音如高朗，连绵不断，则见于急性肠炎及伴有肠炎的传染病（如副伤寒、大肠杆菌病及传染性胃肠炎等）；如肠音低沉，微弱或消失，见于肠阻塞。

九、犬的胃、肠检查

犬的胃、肠检查主要采用视诊、触诊、听诊的方法。

（一）犬胃检查

1. 视诊

应注意有无呕吐及胃区膨胀。呕吐可见于急性胃炎、胃溃疡、胃扩张、胃扭转及胃肠炎等；在左侧肋下方膨隆，是胃扩张的特征。

2. 触诊

由于犬的胃腹壁薄，可通过触诊方法检查。通常用双手拇指以腰部作支点，其余四指伸直，置于两侧腹壁，缓慢用力感觉腹壁及胃肠的状态；也可将两手置于两侧肋弓的后方，逐渐向后上方移动，使内脏器官滑过指端，以行触诊。胃炎、胃溃疡、胃肠炎时，在胃区有压痛及呕吐反应；胃扩张时，左侧肋弓下方可触及膨隆扩大的胃壁。

（二）犬肠检查

1. 视诊

注意有无腹痛、腹胀、腹泻现象。腹痛见于出血性胃肠炎、肠梗阻等。于髋结节和季肋部间出现局限性隆起，见于结肠便秘。腹泻见于肠卡他、胃肠炎等。

2. 听诊

肠音听诊部位在左右两侧肷部，健康犬肠音如捻发音。肠音增强，见于消化不良、胃肠炎的初期；肠音减弱或消失，见于肠便秘、阻塞及重剧胃肠炎等。

3. 触诊

各型肠炎、肠便秘及肠变位时，触摸腹部有疼痛反应；大肠便秘时，在骨盆腔口前可摸到坚实的粪块；肠套叠时，可以摸到香肠状而有弹性的肠管。

第四节 排粪动作及粪便检查

一、排粪动作及粪便检查

排粪动作是一种复杂的反射动作。当位于直肠的感觉神经末梢感受到充满粪便压力的刺激时，即有冲动传至腰荐部脊髓的低级排粪中枢，在大脑皮层的调节下，借助传出纤维的神经冲动，产生排粪动作。当以上任一神经受损时，即可产生排粪动作的异常。正常状态下，动物排粪时背部微拱起，后肢稍开张并略前伸。犬排粪采取近似坐下的姿势。

（一）便秘

表现排粪费力，次数减少或屡呈排粪姿势而排出量少，粪便干结、色深。多见于热性病。反刍动物常见于瘤胃弛缓、瘤胃积食、瓣胃阻塞。猪常见于慢性消化扰乱。

（二）腹泻或下痢

表现频繁排粪，甚至排粪失禁，粪便呈稀粥状、液状，甚至水样，见于各种肠炎、某些传染病（如牛的肠结核、副结核，猪的大肠杆菌病、副伤寒、传染性胃肠炎、猪瘟，犬细小病毒病等）、某些寄生虫病（如牛的隐孢子虫病）及某些中毒病。仔猪缺硒也见有腹泻现象。

（三）排粪失禁

病畜不采取固有排粪姿势而不自主地排出粪便。见于肛门括约肌麻痹、腰荐部脊髓损伤、脑病的后期及各种其他疾病引起的顽固性腹泻。

（四）排粪痛苦

排粪时动物表现疼痛不安、惊惧、努责、呻吟等。见于腹膜炎、胃肠炎、创伤性网胃炎、直肠炎等。

（五）里急后重

其特征是屡呈排粪动作并强力努责，呻吟（马、牛），鸣叫（犬、猪），但仅排出少量粪便或黏液。为直肠炎的特征。顽固性腹泻时，常有里急后重现象，是炎症波及直肠黏膜的结果。也见于肛门括约肌的痛苦性痉挛，或牛的子宫、阴道炎症。

二、粪便检查

主要检查粪便的数量、形状、颜色、硬度及混合物等。

（一）粪便的数量、形状和硬度检查

观察时，应注意排除动物采食饲料的数量、种类、质量和含水量等因素的影响。一般情况下，腹泻初期，粪便多而稀薄，且不呈固有的形状；便秘时，粪便少而干硬，见于猪瘟；牛粪便呈算盘珠子状，多见于瓣胃阻塞。粪便有特殊腐败或酸臭味，见于肠炎、消化不良。

（二）粪便的颜色检查

粪便呈灰白色或黄白色，见于仔猪大肠杆菌病、雏鸡白痢、犊牛和仔猪下痢；便秘时粪便色深；阻塞性黄疸的病畜粪便可呈淡黏土色、灰白色；胃及前段肠管出血时，粪便呈黑色；后部肠管出血时，粪便呈红色，粪球表面附有鲜红血液。

（三）粪便混合物检查

急性肠炎，粪便呈粥样或水样；混有黏液，粪便呈粥样或水样，提示卡他性胃肠炎；混有脓液，提示有化脓性炎症；混有脱落的肠黏膜，提示有伪膜性与坏死性炎症，也可见于猪瘟等；粪便混有未消化的饲料，见于消化不良、猪传染性胃肠炎；混有血液，见于出血性肠炎。此外，还应注意有无线虫虫体、绦虫节片以及马胃蝇蛆等。

第七章 泌尿生殖系统检查

第一节 排尿动作检查

一、正常的排尿动作

公牛和公羊排尿时，只靠阴部尿道的收缩，尿液呈细流状排出，在行走或采食过程中均可排尿。

母牛和母羊排尿时，后肢叉开，下蹲举尾，背腰拱起，尿液呈急流状排出。

公猪排尿时，尿流呈股状而断续排出。

母猪排尿动作与母羊相同。

公犬和公猫排尿时，常将一后肢抬起翘在墙壁或其他物体上，将尿射于该处。母犬和幼犬有时坐位也可排尿。

公马排尿时，四肢前后张开站立，背腰下沉，阴茎伸出，举尾排尿。

母马则后肢略向前踏，并稍下蹲，排尿之末，阴门启闭数次。

排尿次数和尿量的多少，与肾脏的泌尿机能、尿路状态、饲料含水量、家畜的饮水量、外界温度、机体从其他途径所排水分的多少有密切关系。

二、排尿异常

（一）多尿和频尿

1. 多尿

多尿是指总排尿量增加，表现排尿次数增多，而每次排尿量并不减少；或表现为排尿次数虽不明显增加但每次尿量增多。表明肾小球过滤机能增强（如大量饮水后，一时性尿量增多）；或肾小管重吸收能力减弱所致（如慢性肾病）；发热性疾病的退热期或渗出液吸收过程，应用利尿剂。

2. 频尿

频尿是指排尿次数增多，而一次尿量不多或反而减少甚至是呈滴状排出，24 小时内尿的总量并不多，甚至减少。是膀胱或尿道黏膜受刺激而兴奋性增高的结果，多见于膀胱炎、尿道炎、肾盂肾炎。动物发情时，也常见频尿。

（二）少尿和无尿

动物 24 小时内排尿总量减少甚至没有尿排出，称少尿或无尿。

少尿是指总排尿量减少。表现为次数减少，尿量减少，甚至几乎无尿排出。无尿亦称排尿停止。常见于热性病、急性肾炎、严重腹泻、严重脱水或电解质紊乱、循环虚脱、心衰、肾小管和肾小球严重受损的疾病以及尿路受阻等。

少尿和无尿常密切相关。按其病因一般可分为肾前性无尿、肾原性无尿和肾后性无尿。

1. 肾前性少尿或无尿

由血浆渗透压增高和外周循环衰竭、肾血流量减少所致。表现为尿量轻度或中度减少，一般不出现完全无尿，多发生于严重脱水、休克、心力衰竭、腹泻、瘤胃酸中毒、真胃变位及扭转、大出汗、热性病等。

2. 肾原性少尿或无尿

肾原性少尿或无尿（真性无尿）是肾脏泌尿机能高度障碍的结果，多由肾小球和肾小管的严重病变引起。见于急性肾小球肾炎、各种慢性肾脏病（如慢性肾炎、肾结核、肾结石等）引起的肾功能衰竭。

3. 肾后性少尿或无尿

肾后性少尿或无尿（假性无尿），又称尿潴留。肾脏泌尿机能正常，但尿液滞留在膀胱内而不能排出，膀胱充满尿液。临床上表现为排尿次数减少或长时间不排尿，尿液呈少量点滴状排出或完全不能排出，可见排尿动作，但无尿液排出，主要由于尿路阻塞所致。可见于尿路阻塞（如尿道结石、膀胱结石、炎性渗出物或血块等导致尿路阻塞或狭窄、膀胱括约肌痉挛等）、膀胱麻痹、膀胱破裂以及腰荐部脊髓损害等。

（三）尿失禁与尿淋漓

1. 尿失禁

尿失禁是指病畜无一定的排尿动作和相应的排尿姿势，不自主地断续排出尿液。见于脊髓疾患、膀胱括约肌麻痹、脑病和濒死期等。

2. 尿淋漓

尿淋漓是指排尿不畅，尿液呈点滴状或细流状、无力地或断续地排出。

此种现象多为排尿失禁、排尿痛苦和神经性排尿障碍的表现。见于尿路不完全阻塞、膀胱括约肌麻痹及中枢神经系统疾病。有时也见于老龄体衰动物、胆怯和神经质的动物。

3. 尿痛

特征是病畜在排尿过程中，有明显的疼痛表现或腹痛姿势。排尿时不安、弓腰或背腰下沉、阴茎下垂、呻吟、努责、摇尾踢腹、回顾腹部和排尿困难等，或屡取排尿姿势，但无尿排出，或呈滴状或呈细流状排出。见于膀胱结石、膀胱炎、尿道炎、尿结石、生殖道炎症及腹膜炎等。

第二节 泌尿器官检查

一、肾脏的检查

（一）肾脏的位置

肾脏是一对实质性器官，位于脊柱两侧腰下区，右肾一般比左肾稍在前方。

马的肾脏：左肾呈长豆形，位于最后一肋骨端上与第 1 ～ 3 腰椎横突的腹面；右肾呈圆角等边三角形，位于最后 2 ～ 3 肋骨的上端与第一腰椎横突的腹面。

牛的肾脏：具有分叶结构。右肾呈长椭圆形，位于第十二肋间与第二或第三腰椎横突的腹面；左肾位于第 2 ～ 5 腰椎的腹面，夹在瘤胃背囊与结肠盘之间，可随瘤胃充满程度的不同而向右或向左移动。

羊的肾脏：表面光滑，不分叶。右肾位于第 1 ～ 3 腰椎横突的下面，左肾位于第 4 ～ 6 腰椎横突的下面。

猪的肾脏：左、右肾的位置几乎对称，均位于第 1 ～ 4 腰椎横突的腹面。

肉食兽的肾脏：右肾位于第 1 ～ 3 腰椎横突的腹面，左肾位于第 2 ～ 4 腰椎横突的腹面。

（二）症状观察

临床检查中，当发现排尿异常、排尿困难及尿液的性状发生改变时，应重视泌尿器官，特别是肾脏的检查。

动物表现背腰僵硬、拱起，运步小心，后肢向前移动迟缓。常见于肾炎（急性肾炎、化脓性肾炎等）。此外，应特别注意肾性水肿，通常多发生于眼睑、肉垂、腹下、阴囊及四肢下部。

（三）外部触诊

检查大动物时，先将左手掌平放于肾区，右手握拳，向左手背捶击并观察动物的反应；检查小动物时，可用两手插入肾区腰椎横突下触压。如肾区敏感性增高，动物表现疼痛不安，拱背摇尾，躲避检查，多见于急性肾炎、肾脓肿或肾损伤。

（四）直肠检查

直肠检查主要用于大家畜肾脏检查，可感觉其大小、形状、硬度、敏感性及表面是否光滑等。肾脏肿胀增大，压之敏感，并有波动感，提示肾盂肾炎、肾盂积水、化脓性肾炎等；触摸肾脏有疼痛反应，肾脏肿大，有时可摸到肾脏表面不光滑，是肾增生性炎症的表现；肾脏质地坚硬、体积增大、表面粗糙不平，可提示肾硬变、肾肿瘤、肾结核、肾结石；当肾体积显著缩小，多提示为先天性肾发育不全或萎缩性肾盂肾炎及慢性间质性肾炎。触诊肾盂部敏感疼痛，内有坚硬物体，可提示为肾盂结石；如有波动感，是肾盂积水或肾盂肾炎。

二、输尿管的检查

健康家畜的输尿管很细，经直肠难以触及。输尿管炎或输尿管结石时，由肾脏至膀胱的径路上可感知输尿管呈手指粗，紧张而有索状物，或摸到坚硬的结石。直肠触诊时，患畜可呈现疼痛反应。

三、膀胱的检查

大家畜主要通过直肠内触诊，必要时，进行导尿管探诊；小动物检查时，可将食指伸入肠进行触诊，或在腹部盆腔入口的前缘施行外部检查。

（一）膀胱体积增大

膀胱过度充满、体积显著增大，充满于整个骨盆腔并伸向腹腔后部。见于尿道结石、膀胱括约肌痉挛、膀胱麻痹、膀胱肿瘤以及尿道的狭窄。

压迫膀胱有尿液排出，停止压迫则排尿停止，无疼痛反应，多因膀胱括约肌麻痹所致。可见于腰荐部脊髓损伤或某些脑脊髓疾病过程中。膀胱括约肌痉挛时，触压膀胱可呈现疼痛反应及排尿动作，但排不出尿液，导尿管也不易插入膀胱；尿道结石时，可触摸到结石，触压可引起疼痛反应。

（二）膀胱压痛

见于急性膀胱炎、尿潴留或膀胱结石等。当膀胱结石时，多伴有尿潴留。在膀胱不太充满的情况下触诊，可摸到坚硬的砂石状尿石；膀胱炎时，膀胱多空虚，膀胱壁增厚。

（三）膀胱空虚

除肾性无尿外，常见于膀胱破裂。患畜表现停止排尿，腹部逐渐增大，腹腔穿刺液为淡黄、微黄或污红色，并伴有尿臭气味的浑浊液体。

严重病例，在膀胱破裂之前，有明显腹痛症状，有时持续而剧烈，破裂后因尿液流入腹腔往往引起腹膜炎和尿毒症，有时皮肤可散发尿臭味。检查膀胱的较好方法是膀胱镜检查，可直接观察膀胱黏膜状态及其病理形态变化。

四、尿道的检查

尿道可进行外部触诊、直肠内触诊和导尿管探诊检查。

母畜的尿道，开口于阴道前庭的下壁，特别是母牛的尿道宽而短，检查最为方便。检查时，可将手指伸入阴道，在其下壁可摸到尿道外口。此外可用导尿管进行探诊。

公畜尿道对位于骨盆腔的部分，可行直肠内触诊；位于骨盆切迹以外部分，可行外部触诊。如触诊或探诊尿道，病畜表现剧痛不安，多为尿道炎；触诊尿道某部有坚硬的固体物存在，探诊时导尿管不能通过，并出现剧痛，可提示为尿道结石。

五、尿道探诊及导尿法

（一）母牛和母马的导尿管插入法

病畜取站立保定，用刺激性小的消毒液消毒术者的手、开腔器、导尿管及母畜外阴。术者右手伸入阴道，手指摸到阴道外口，左手持导尿管沿右手缓慢插入阴道外口；也可用开腔器打开阴门，借助光线可看到阴道下方的尿道口，将导尿管插入其中，继续送入约 10 cm 达膀胱，尿液即从导尿管流出。

（二）公马的导尿管插入法

一般采用站立保定并固定后肢，术者左手伸入包皮内，握住阴茎龟头将阴茎拉出，用消毒液洗净污垢，消毒尿道口，右手持导尿管徐徐插入尿道内，当导尿管前端达坐骨弓处，遇有阻力，可由助手在该处稍加压迫，使导尿管前端弯向前方，术者再稍加用力插入，导尿管即可转向骨盆腔进入膀胱，尿液即可流出。也可通过膀胱穿刺导尿。

第三节 尿液检查

各种健康家畜的尿液有其固有的气味、颜色及透明度。例如猪尿呈透明无色；牛尿清亮微黄；马尿呈淡黄色，混浊。但病理情况这些均有变化。

一、气味

尿液呈现强烈的氨臭味，见于膀胱炎或长期尿潴留时；呈现腐败性臭味，可见于膀胱、尿道有溃疡、坏死或化脓性炎症及猪瘟；呈现芳香的丙酮气味（似氯仿），见于醋酮血症等。

二、尿色

（一）尿色深黄

尿色变黄变深、尿量减少，见于发热病。尿呈棕黄色、黄绿色、深黄色，摇振后可产生黄色泡沫，为尿中含有胆红素的表示，常见于肝胆疾病。

（二）红尿

尿呈红色、红棕色甚至黑棕色。见于血尿、血红蛋白尿、肌红蛋白尿、卟啉尿或药物尿。

1. 血尿

尿中混有血液，称血尿。尿液呈浑浊的红色，静置或离心沉淀有红细胞沉淀层，镜检有大量红细胞，为肾脏或尿路部分出血的表示。见于各种肾炎、肾盂肾炎、膀胱炎、尿道炎症或某些血液病、传染病（如炭疽、猪瘟、出血性败血症）等。

可根据血尿出现的时期大致推断出血部位：排尿初期呈现血尿，多为尿道出血；排尿终末出现血尿，多为膀胱出血；排尿全程出现血尿，多为肾脏、输尿管出血。

2. 血红蛋白尿

尿中混有血红蛋白，尿液呈均匀透明红色或暗红色，甚至呈酱油色，静置或离心无沉淀，镜检无红细胞或仅有少量红细胞。常见于牛、马、犬的巴贝斯虫病、钩端螺旋体病，新生仔畜溶血病，牛血红蛋白尿病，马肌红蛋白

尿病，血孢子虫病，犊牛水中毒等。

3. 肌红蛋白尿

尿中混有多量肌红蛋白、尿中仅含肌红蛋白，是均匀红色、暗红色，静置或离心无沉淀，镜检无红细胞。其与血红蛋白尿相似。但血红蛋白尿有严重贫血症状。肌红蛋白尿时，有明显的肌肉病变及其功能障碍。常见于家畜缺硒症和维生素 E 缺乏症等。

（三）乳白色尿

有时可见尿成乳白色，镜检有大量的脂肪滴和脂肪管型，为尿中含有脂肪所致。常见于犬脂肪尿病，也可见于肾及尿路的化脓性炎症。

三、药物的影响

动物用药后有时也使尿变色。例如安替比林、山道平、硫化二苯胺、蒽醌类药剂、氨苯磺胺、酚红等可使尿变红色；呋喃类药物、核黄素等可使尿变黄色；注射美蓝或台盼蓝后尿呈蓝色；石炭酸、松馏油会使尿变黑色或黑棕色等。

第四节　生殖系统检查

一、公畜的生殖器官检查

公畜的生殖器官包括阴囊、睾丸、精索、附睾、阴茎和一些副腺体（前列腺、贮精囊和尿道球腺）。检查主要用视诊和触诊法。

临床检查中凡是有外生殖器官局部肿胀、排尿障碍、尿血、尿道口有异常分泌物、疼痛等症状时，均应考虑有生殖器官疾病之可能。这些症状除发生于生殖器官本身的疾病外，也可由泌尿器官或其他器官的疾病引起。

检查公畜外生殖器官时应注意阴囊、睾丸和阴茎的大小、形状、尿道口炎症、肿胀、分泌物或新生物等。

（一）阴囊、阴筒

观察动物的阴囊、阴筒、阴茎有无变化，并配合触诊进行检查。

1. 阴囊增大、睾丸肿胀

触诊睾丸肿胀并有热痛反应，局部热痛明显，睾丸在阴囊内的滑动性很小，并常有明显的全身症状，为睾丸发炎的表现。可见于睾丸炎、睾丸周围炎，以及猪布氏杆菌病、马鼻疽等过程中。

2. 单纯的阴囊肿胀

触诊留指压痕，多为皮下浮肿的表现。可见于阴囊局部炎症、马媾疫及心机能不全、严重贫血等。

3. 马单侧阴囊肿大

触诊内容物柔软，并伴有疼痛不安时，可经腹股沟管还纳入腹腔，则为阴囊疝的特征。

猪的包皮囊肿时，提示包皮囊积尿或包皮炎。

去势后不久，发现精索断端形成大小不一坚硬的肿块，同时伴有阴囊、阴鞘甚至腹下水肿，为精索硬肿的特征。

（二）睾丸

检查时应注意睾丸的大小、形状、温度及疼痛等。

公畜的睾丸炎多与附睾炎同时发生。在急性期，睾丸明显肿大、疼痛，阴囊肿大，触诊时局部压痛明显、增温，患畜精神沉郁，食欲减退，体温增高，后肢多呈外展姿势，出现运步障碍。如发热不退或睾丸肿胀和疼痛不减时应考虑有睾丸化脓性炎症之可能。此时全身症状更为明显，阴囊逐渐增大，皮肤张紧发亮，阴囊及阴鞘水肿，且可出现渐进性软化病灶，以致破溃。必要时可行睾丸穿刺以助诊断。猪患布氏杆菌病时，睾丸肿大明显。马鼻疽时可有鼻疽性睾丸炎的类型。

（三）阴鞘、阴茎及龟头的检查

在公畜阴茎损伤、阴茎麻痹、龟头局部肿胀及肿瘤较为多见。

1. 阴茎损伤

公畜阴茎较长，易发生损伤，受伤后可局部发炎、肿胀或溃烂，见有尿道流血、排尿障碍、受伤部位疼痛和尿潴留等症状，严重者可发生阴茎、阴囊、腹下水肿和尿外渗，造成组织感染、化脓和坏死。

2. 阴茎麻痹

阴茎脱出不能缩回，称阴茎麻痹，可见于支配阴茎的神经麻痹或中枢性神经机能障碍过程中。

3. 阴茎龟头肿瘤

多见于马、骡、驴和犬，且常发生于阴鞘、阴茎和龟头部。阴茎及龟头部发生不规则的肿块，多呈菜花状，表面溃烂出血，有恶臭分泌物，则为阴茎龟头肿瘤的特征。

4. 龟头肿胀

龟头肿胀时，局部红肿，发亮，有的发生糜烂，甚至坏死，有多量渗出液外溢，尿道可流出脓性分泌物。

阴鞘包皮的肿胀除常见于包皮炎外，也可见于心、肾功能不全及马媾疫等疾病过程中。

（四）精索

精索硬肿为去势后常见之并发症。可为一侧或两侧，多伴有阴囊和阴鞘水肿，甚至可引起腹下水肿。触诊精索断端，可发现大小不一、坚硬的肿块，有明显的压痛和运步障碍。有的可形成脓肿。

（五）包皮

公羊和公猪最易发生包皮炎。猪的包皮炎，在其包皮的前端部形成充满包皮垢和浊尿的球形肿胀，同时包皮口周围的阴毛被尿污染，包皮脂和脓秽物粘着在一起，致使排尿发生障碍，此种变化可见于猪瘟。公牛多发生包皮红肿、阴筒肿胀。

二、母畜的生殖器官检查

（一）外生殖器官的检查

母畜生殖器官包括卵巢、输卵管、子宫、阴道和阴门。母畜外生殖器主要指阴道和阴门。检查主要用视诊，观察分泌物及外阴部有无病变；必要时可用开腔器（阴道开张器）扩张阴道进行阴道深部检查。详细观察阴道黏膜的颜色、湿度、损伤、炎症、肿物及溃疡，同时注意子宫颈的状态及阴道分泌物的变化。这对于诊断某些泌尿生殖器官疾病有重要意义。健康母畜的阴道黏膜呈淡粉红色，光滑而湿润。阴门中流出浆液黏性或黏脓性污秽腥臭分泌物，甚至附着在阴门尾根部变为干痂，病畜表现不时拱背、努责等，多为阴道炎或子宫疾病的表示。在病理情况下，较多见者为阴道炎。

1. 子宫内膜炎

子宫颈口潮红肿胀，为子宫颈口发炎的表现。子宫颈口松弛，并有多量浆液黏性或黏液脓性分泌物不断流出，为子宫内膜炎的表现。若分泌物成脓性，流量增多，并有腐败臭气味，多为化脓性子宫内膜炎或胎衣滞留的表现。

2. 阴道炎

母畜除发情时，阴道黏膜可发生特征性变化外，如见阴道黏膜潮红、肿胀、溃疡或糜烂，并有病理性分泌物存在，多为阴道炎的表现。

反刍动物，特别是牛最易发生阴道炎，且多为产后感染所致。如难产时，因助产而致阴道黏膜损伤，继发感染。

胎衣不下而腐败时，也常引起阴道炎。患畜表现拱背、努责、尾根翘起，时作排尿状，但尿量却不多，阴门中流出浆液性或黏液脓性污秽腥臭液，甚至附着在阴门、尾根部变为干痂。阴道检查时，阴道黏膜敏感性增高、疼痛、充血、出血、肿胀、干燥，有时可发生创伤、溃疡或糜烂。

3. 子宫扭转

有明显的腹痛症状，阴道黏膜充血呈紫红色，阴道壁紧张，其特点是越向前越狭窄，前端呈现较大的明显的螺旋状皱褶，皱褶方向标志着子宫扭转的方向。

马外阴部皮肤呈现圆形或椭圆形脱色斑，见于马媾疫。牛、猪阴户肿胀，应注意镰刀菌、赤霉菌毒素中毒病。阴道或子宫脱出时，在阴门外有脱垂的阴道或子宫。母牛胎衣不下时，阴门外常吊着部分胎衣。

（二）子宫、卵巢的检查

在此主要指的是大家畜子宫、卵巢检查。主要用直肠内触诊。检查时在摸到子宫颈后，再向前依次触摸子宫体、子宫角及卵巢，或先在髋结节前下方摸到卵巢后，再由前向后触摸子宫角和子宫体。

正常未怀孕子宫的子宫角大小一致，位置对称，有弹性，无异常内容物，触诊时收缩变硬。

病理状态下，如感知一侧子宫角变大、多子宫壁变厚，对触诊的收缩反应微弱或有波动，多为子宫内膜炎的表现；触诊子宫内有多量液体，出现波动，多为子宫蓄脓的表现。检查卵巢时，应注意其大小及形态等。卵巢变硬而体积缩小，摸不到卵泡及黄体者，多为卵巢机能减退或萎缩的表示；卵巢体积增大，并有一个或数个大而波动的囊泡，若多次检查固定存在，母畜有慕雄狂表现者，则为卵巢囊肿的特征；卵巢体积增大，触诊敏感疼痛，多为卵巢发炎的表示。

三、乳房的检查

（一）乳房的检查

乳房检查对乳腺疾病的诊断具有很重要的意义。在动物一般临床检查中，尤其是泌乳母畜除注意全身状态外，应重点检查乳房。检查方法主要用视诊、

触诊，并注意乳汁的性状。

1. 视诊

注意乳房大小、形状，乳房和乳头的皮肤颜色，有无发红、橘皮样变、外伤、隆起、结节及脓疱等。牛、绵羊和山羊的乳房皮肤上出现疹泡、脓疱及结节，多见于痘疹、口蹄疫等。

2. 触诊

可判定乳房皮肤的厚薄、温度、软硬度、乳房淋巴结的状态及敏感度，注意乳房有无肿胀及其硬度、疼痛、乳腺硬结以及乳汁和乳房淋巴结的状态等。必要时挤少量乳汁进行乳汁感观检查。检查乳房温度时，应将手贴于相对称的部位进行比较。

检查乳房皮肤厚薄和软硬时，应将皮肤捏成皱襞或由轻到重施压感觉之触诊乳房实质及硬结病灶时，必须在挤奶后进行。注意肿胀的部位、大小、硬度、压痛及局部温度，有无波动或囊性感。

乳腺炎时，炎症部位肿胀、发硬，皮肤呈紫红色，有热痛反应，有时乳房淋巴结也肿大，挤奶不畅。炎症可发生于整个乳房，有时，仅限于乳腺的一叶，或仅局限于一叶的某部分。因此，检查应遍及整个乳房。

乳房脓肿时，乳房急性炎症反应明显，有波动感。脓性乳腺炎发生表在脓肿时，可在乳房表面出现丘状突起。

乳牛发生乳房结核时，乳房淋巴结显著肿大，形成硬结，触诊常无热痛。

（二）乳汁的感观检查

除轻度炎症外，多数乳腺炎患畜，乳汁性状都有变化。检查时，可将乳汁挤入器皿内进行观察，注意乳汁颜色黏稠度及性状有无变化。如挤出的乳汁浓稠，内含有絮状物或纤维蛋白性凝块，或混有脓汁、血液，是乳腺炎的重要特征。必要时对乳汁进行实验室检查。

第八章 神经系统检查

第一节 精神状态检查

一、精神兴奋

是中枢神经机能亢进的结果。动物表现惊恐不安、横冲直撞、挣扎脱缰、不可遏制，甚至攻击人畜。见于流行性脑脊髓炎、脑膜脑炎、日射病与热射病、狂犬病及某些中毒病（如食盐中毒等）。

二、精神抑制

精神抑制是中枢神经系统机能障碍的另一种表现形式，根据程度不同可分为三种。

（一）精神沉郁

病畜对周围事物注意力降低，离群呆立，低头耷耳，眼睛半闭，但对外界刺激尚能迅速作出反应。可见于各种热性病、缺氧等多种疾病过程中。

（二）嗜睡

陷入睡眠状态，对外界刺激反应迟钝，只有强烈的刺激（如针刺）才能使之醒觉，但很快又陷入沉睡状态。见于脑膜脑炎、脑室积水及中毒病后期等。

（三）昏迷

对外界刺激全无反应，角膜反射、瞳孔反射消失，卧地不起，全身肌肉松弛，呼吸、心跳节律不齐。见于严重的脑病、中毒、生产瘫痪、肝肾机能衰竭等。

第二节 运动机能检查

家畜的运动是在大脑皮质的调节下，通过锥体系统和锥体外系统实现的。生理状态下，锥体系统与锥体外系统互相配合共同完成各种协调的运动。健康家畜不论站立或运动，均在大脑皮质的调节下，借小脑、前庭、锥体系统和锥体外系统以调节肌肉张力，从而维持体位平衡和运动协调。但在病理状态下，由于致病因素的作用，而使支配运动的神经中枢、传导路径及感受器等任一部位受害或机能障碍，家畜的运动便发生障碍。

在病理情况下，家畜运动障碍一般表现为共济失调、痉挛、瘫痪及强迫运动等。

一、共济失调

肌肉收缩力正常，而在运动时，肌群动作互不协调所导致动物体位和各种运动的异常表现，称为共济失调。

病畜站立时，呈现体位平衡失调，如站立不稳、四肢叉开、倚墙靠壁；病畜运动时肌群动作相互不协调，步态失调导致动物体位和各种运动异常，表现肢体高抬，用力着地，如涉水样步态、后躯摇摆、行走如醉状等。主要因深部感觉障碍，外周随意运动信息向中枢传导障碍所引起。见于小脑和前庭神经疾患、马传染性脑脊髓炎、中毒病、某些寄生虫病（如脑脊髓丝虫病）等。此外，视觉也有参与维持体位平衡和运动协调的作用。

在病理状态下，大脑皮质、小脑、前庭及脊髓传导路径损伤及反射性调节机能障碍后，就会导致家畜体位及各种运动的异常，即共济失调。通常可分为体位平衡失调和运动失调两种。

（一）静止性失调（体位平衡失调）

静止性失调是指在站立状态出现体位平衡失调，而不能保持正常站立。表现为头和体躯摇摆不稳，体躯偏斜，四肢肌肉紧张力降低，软弱，四肢叉开发抖，关节屈曲，力图保持平衡，如将四肢稍微收拢，缩小支撑面积，便很易跌倒，如“醉酒状”。通常提示小脑、前庭神经或前庭迷路受损害。

（二）运动性失调（运动失调）

其特点是运动时出现动作缺乏节奏性、准确性和协调性。临床表现为后躯踉跄、身躯摇晃，步态不稳，动作笨拙。运步时，肢蹄高举，并过分向侧方伸出，用力踏地，如涉水样动作，有时呈醉酒状。提示深部感觉障碍。可见于大脑、大脑皮质（颞叶或额叶）、小脑、脊髓（脊髓背根或背索）及前庭神经或前庭核、前庭迷路的损害。此外，按所致共济失调的病变部位，又可分为以下几种。

1. 大脑性失调

病畜虽然能直线行进，但躯体多向健侧偏斜，在转弯时失调特别明显，容易跌倒。可见于大脑皮层的颞叶或额叶受损伤时。

2. 小脑性失调

无论静止或运动均呈现明显的失调现象，只有当整个身体倚托在墙壁等支持物上后失调现象才开始消失，不伴有眼球震颤，也不因遮眼而加重。当一侧性小脑损伤时，患侧前后肢失调现象明显。可见于小脑疾病及损伤时。

3. 前庭性失调

动物头颈屈曲及平衡被破坏，头向患侧歪斜，常伴有眼球震颤，遮眼失调加重。为迷路、前庭神经或前庭神经核受损伤所致。可见于家禽的 B 族维生素缺乏症、鸡新城疫等。

4. 脊髓性失调

运步时左右摇晃，但头不歪斜，遮眼后失调加重。可见于脊髓根损伤时。

二、痉挛

骨骼肌（随意肌）不随意地急剧收缩称痉挛。是神经肌肉的一种常见病理现象，多由于大脑皮层受刺激、脑干或基底神经节受损伤所致。按其形式可分为以下几种。

（一）阵发性痉挛

阵发性痉挛是单个肌肉或单个肌群短暂、快速、重复地收缩，收缩与弛缓交替出现，常突然发生而又迅速停止。常见于矿物质缺乏（如钙、镁缺乏）、脑及脑膜损伤（如脑炎、脑结核、中暑）、高热性疾病、中毒（有机磷中毒、士的宁中毒）、局部贫血、疲劳、剧烈疼痛等。阵发性痉挛常发生于单个肌肉或单个肌群，但有时也向邻近肌组扩散，甚至蔓延到体躯的广大范围，有时仅限于个别肌束。

1. 纤维性颤搐

单个肌纤维束的轻微收缩，而不扩及整个肌肉，不产生运动效应的轻微性痉挛，称为纤维性颤搐。多由于脊髓腹角细胞或脑干的运动神经核受刺激所致。见于热性病或传染病（如犬瘟热），伴有疼痛的疾病（如牛创伤性网胃心包炎）及神经兴奋性增强的疾病。

2. 震颤

单个肌肉或单个肌群的相互拮抗，肌肉发生快速、有节律、细小、交替而不太强的收缩所产生的颤抖现象，称震颤。此种现象常为小脑或基底神经节受损害的特征。见于中毒（如醉马草中毒）、过劳、衰竭、缺氧、危重病畜的濒死期等。

3. 惊厥或搐搦

高度的阵发性痉挛，引起全身性激烈颤动，称为惊厥或搐搦。见于马的胃破裂、中毒（如尿毒症）、青草搐搦等。

（二）强直性痉挛

肌肉长时间均等地持续性收缩。强直性痉挛常发生于一定的肌群，如头颈部肌肉痉挛所致角弓反张等。见于脑炎、脑脊髓炎、破伤风、有机磷农药及士的宁中毒、反刍兽的酮血病及生产瘫痪等。

强直性痉挛时，伸肌和屈肌处于持续均等的收缩状态，但以伸肌占优势。为大脑受层功能受到抑制，基底神经节受损或脑干和脊髓的低级运动中枢受到刺激所引起。

1. 挛缩

局限于一定肌群的强直性痉挛，统称为挛缩。牙关紧闭、角弓反张等都是局部肌肉挛缩引起的。

2. 强直

全身肌肉发生的强直性痉挛称为强直。其特点是肌肉作长时间均等的持续性收缩，无弛缓和间歇。是大脑皮质受抑制，基底神经节受损伤，或脑干和脊髓的低级中枢受刺激的结果。

（三）癫痫

全身阵发性痉挛和强直性痉挛同时发生，感觉和意识暂时消失，可反复发作。临床上平时不见任何症状，而发作时表现为阵发性痉挛和强直性痉挛同时发生，瞳孔扩大、流涎、大小便失禁，同时感觉与意识也暂时消失。癫痫是大脑无器质性变化，而脑神经兴奋性增高引起异常放电所引起的病理现象。可反复发作，家畜极少见。

在家畜有时因大脑皮质器质性变化，而出现癫痫样症状，称为症候性癫痫，发作时呈现强直性痉挛，意识丧失，大小便失禁，瞳孔散大。见于脑炎、尿毒症、脑肿瘤及某些传染病，如仔猪副伤寒、仔猪水肿病、犊牛副伤寒等。

三、瘫痪（麻痹）

动物骨骼肌随意运动机能减弱或丧失，称为麻痹（瘫痪）。其随意机能减弱，称不完全麻痹；丧失则称完全麻痹。

动物骨骼肌的随意运动多是借锥体系统和锥体外系统的运动神经元（上运动神经元）和脊髓腹角及脑神经核的运动神经元（下运动神经元）的协同作用而实现的。当上或下运动神经元受损伤而致肌肉与脑之间的传导中断，或运动中枢机能障碍，均可引起随意运动机能减弱或丧失。

（一）按部位分类

按引起麻痹的病变部位分为中枢性麻痹和外周性麻痹。

1. 中枢性麻痹

是由于脊髓腹角细胞以上至大脑皮层各部位的疾患所致，也就是上位运动神经元损害引起的瘫痪。其特点是麻痹范围大，肌肉紧张性增高，肌肉较坚实，受到刺激时可引起痉挛，又称痉挛性瘫痪或硬瘫。肌肉一般不萎缩，肢体的活动范围受到限制，对外来力量的被动运动有抵抗，腱反射亢进，皮肤反射减弱或消失，并常伴有意识障碍。此种瘫痪提示脑或脊髓的损害，见于脑炎、脑脊髓炎、脑出血、脑积水、脑软化、脑部肿瘤及脊髓损伤、狂犬病、马的流行性脑脊髓炎、某些重度中毒病及脑寄生虫病等。

2. 末梢性瘫痪

是由于脊髓腹角细胞以下的脊髓神经疾患或脑神经核以下的外周神经疾患所致，也就是下位运动神经元损害引起的瘫痪。临床特征为麻痹范围局限，瘫痪肌肉随意运动消失，肌紧张性降低，软弱而松弛，又称弛缓性瘫痪或软瘫。肌肉显著萎缩，也称萎缩性瘫痪，肢体的活动范围增大，对外来力量的被动运动无抵抗，皮肤和腱反射减弱或消失，但意识清楚，饮食正常。见于脊髓及外周神经受害，如面神经麻痹、三叉神经麻痹、坐骨神经麻痹、肩胛上神经麻痹、桡神经麻痹等。

（二）按病变范围分类

按其病变的范围又可分为单瘫、偏瘫和截瘫。

1. 单瘫

麻痹只侵及某一肌群或一肢体。多属外周性麻痹，见于脊髓及外周神经

受害，如面神经麻痹、三叉神经麻痹、坐骨神经麻痹、肩胛上神经麻痹、桡神经麻痹等。

2. 偏瘫

麻痹侵及躯体的半侧，使一侧躯体发生瘫痪。由大脑半球或锥体传导路径受损伤所致。常见于脑病及脑脊髓疾病时。

3. 截瘫

躯体两侧对称部分（如两后肢）发生麻痹。由脊髓疾病所致。可见于脊髓炎、脊髓震荡与挫伤、脑脊髓丝虫病等。

另外还可分为完全瘫痪（全瘫）：横纹肌完全不能随意收缩，见于脑炎、脑脊髓炎及脊髓损伤等。

不完全瘫痪（轻瘫）：随意运动仅减弱仍能不完善地运动。不全瘫的特点是麻痹范围局限，肌肉紧张性降低，腱反射消失。

双瘫（双侧瘫）：两侧对称部位瘫痪者称为双瘫。

交叉性偏瘫：两侧不对称部位发生瘫痪。

四、强迫运动

强迫运动是指脑机能障碍所引起的不自主运动。

（一）回转运动（圆圈运动）

患畜按一定的方向作游走运动（左转或右转），有的转圈的直径不变，有的转圈的直径逐渐缩小，甚至以一后肢为中心在原地转圈，称时针运动。转圈直径的大小和转圈方向与病灶发生的部位、病灶大小及发病的时间有关。这是由于大脑皮层的运动中枢、中脑、脑桥、小脑、前庭核、迷路等部位受损害，特别是一侧性损害时所致。

前庭核的一侧性损伤向患侧转圈运动，四叠体后部至脑桥的一侧性损伤向健侧运动，而大脑皮层的两侧性损伤可向任何一侧运动。可见于脑膜脑炎、脑炎、脑脓肿、一侧性脑室积水和牛、羊脑包虫病、李氏杆菌病、伪狂犬病及食盐中毒等。

当一侧的向心兴奋传导中断以致对侧运动反应占优势时，便引起这种运动。另一个原因是病畜头颈或体躯向一侧弯曲，以致无意识地随着头、颈部的弯曲方向而转动。

（二）盲目运动

病畜做无目的徘徊，无目的地游走。患畜有时一直前进，不注意周围事物，对外界刺激缺乏反应，一直走到头顶障碍物而无法再前进时，则头抵于障碍物且不动，人为地将其头转动后，又开始徘徊。即非意识地不随意运动。动物表现无目的地行走、直冲、后退或转圈运动等。主要见于脑及脑膜的局灶性刺激，如脑炎或脑膜炎以及某些中毒病；若呈慢性经过，可见于颅内占位性病变，如多头蚴病、猪的脑囊虫病。

（三）暴进暴退

患畜将头高举或低下，以常步或速步，踉跄地向前狂进，甚至跌入沟渠而不知躲避，称暴进。见于大脑皮层运动区、纹状体、丘脑等受损害。如患畜头颈后仰，颈肌痉挛而连续后退，后退时常颠踱，甚至倒地，称暴退。见于小脑损害、颈肌痉挛等。

（四）滚转运动

患畜不自主地向一侧倾倒，强制卧于一侧，或以躯体的长轴为中心向患侧滚转，称滚转运动。见于延脑、小脑脚、前庭神经、内耳迷路等受损的疾病，小动物易发。在大动物应与疝痛引起的滚转或共济失调引起的一侧性倾倒相区别。临床上马属动物正常情况下有打滚的习性。

第三节　感觉机能检查

一、皮肤感觉机能的检查

在检查前应遮盖动物的眼睛。用消毒的细针头以不同的力量针刺皮肤，观察动物的反应。一般由臀部开始，再沿脊柱两侧向前，直至颈部、头部。健康动物皮肤受到刺激时，相应部位被毛颤动、皮肌收缩，并见回头、竖耳、躲闪或四肢骚动等。

（一）感觉减少或消失

感觉减少或消失的表现为对强烈刺激也无反应或反应不明显。是由于感觉神经末梢、传导路径或感觉中枢障碍所致。

体躯两侧对称性感觉减退或消失，见于脊髓横断性损伤；半边肢体的感觉减退或消失，见于延脑或大脑皮层间的传导路径受损伤；发生于身体多处的多发性感觉消失，见于多发性神经炎及某些传染病。

（二）感觉过敏

是因刺激的兴奋或降低，轻微刺激即可引起强烈反应。见于局部炎症、

脊髓膜炎、牛的神经型酮血症和家畜 DDT 中毒等。

（三）感觉异常

指不受外界刺激影响而自发产生的感觉，如痒感、蚁行感、烧灼感。表现为对感觉异常的部位反复啃咬、摩擦等。见于牛酮血症、狂犬病、伪狂犬病、多发性神经炎等。某些皮肤病、寄生虫病等（如湿疹、螨病等）也可发生皮肤痒感，应与神经系统疾病相区别。

二、深感觉的检查

位于皮下深处的肌肉、关节、骨骼、韧带等将关于肢体的位置、状态和运动等情况的冲动传到大脑而产生的深部感觉，即本体感觉。

检查时，可人为地使动物肢体取不自然的姿势（如将其两前肢交叉站立）。健康动物在除去人为力量后能立即恢复。病畜深部感觉障碍时，则较长时间不能恢复自然姿势。可见于慢性脑室积水、脑炎、脊髓损伤、严重肝病及中毒等。

三、特种感觉的检查

（一）视觉

眼球震颤：多提示小脑、脑干及前庭神经损伤。

视觉丧失：即失明。除眼球自身疾病所致外，也可见于视神经异常。

视觉敏感性增高：常表现为畏明，除眼病外，也见于颅内压升高、脑膜炎等。

斜视：是由于一侧眼肌麻痹或过度紧张所致。多因支配该侧眼肌运动的神经核或神经纤维受损害。

（二）听觉

听觉过敏：对声音敏感，表现不安、易惊，轻微刺激声响即作出强烈反应。多见于脑及脑膜疾病、反刍兽酮病早期等。

听觉减弱：多见于中耳、内耳疾病或大脑皮层颞叶受损伤。

第四节 反射机能检查

一、反射机能的检查

兽医临床上所检查的神经反射可分为浅反射、深反射、器官反射等，不同反射的检查，其诊断意义也不同。反射检查结果一般对神经系统受损害部位的确定有诊断价值。但动物反射障碍检查常难以收到满意结果，故仅简述兽医临床涉及的反射及其反射弧，有关神经可为参考。器官反射，如呼吸、咳嗽、心搏动、吞咽、呕吐、排粪、排尿等反射，已分别叙述于以上有关章节中。

（一）反射种类及其检查方法

1. 浅反射

浅反射是指皮肤反射和黏膜反射。有以下几种。

耳反射：检查时，用纸卷轻触耳内侧被毛。正常时，动物摇耳或转头。反射中枢在延脑及第 1 ～ 2 颈髓段。

鬐甲反射：轻触鬐甲部被毛，则见肩部及鬐甲部皮肤发生收缩。其反射中枢在第 7 颈髓及第 1 ～ 2 胸髓段。

腹壁反射和提睾反射：用针刺激皮肤，正常时，相应部位的腹肌收缩、抖动，即为腹壁反射。刺激大腿内侧皮肤时，睾丸上提，即为睾丸反射。反射中枢均在胸、腰段脊髓。

肛门反射：刺激肛门周围皮肤时，正常情况下肛门括约肌迅速收缩。反射中枢在第 4 ～ 5 荐髓段。

会阴反射：刺激会阴部尾根下方皮肤时，引起向会阴部缩尾的动作。反射中枢在脊髓腰椎、荐椎段。

角膜反射：用手指、纸片、羽毛等轻触角膜，动物立即闭眼。反射中枢在延脑。

瞳孔反射：中枢在中脑四叠体传入神经为视神经，传出神经为动眼神经的副交感纤维（收缩瞳孔）和颈交感神经（舒张瞳孔）。

咳嗽反射：刺激喉、气管黏膜时，引起咳嗽。反射中枢在延脑。

2. 深反射

深反射是指肌腱反射，有以下几种。

膝反射：将动物横卧保定，使上侧后肢保持松弛状态，然后叩击膝韧带的直下方，正常时，上肢呈伸展动作。反射中枢在脊髓第 4 ～ 5 腰椎段。

跟腱反射：检查方法与膝反射相同，叩击跟腱，正常时，跗关节伸展而球关节屈曲。反射中枢在脊髓荐椎段。

（二）反射机能的病理变化

1. 反射机能增强

反射增强或亢进是反射弧或中枢兴奋性增高或刺激过强所致；或因大脑对低级反射弧的抑制作用减弱、消失所引起。因此，临床检查发现某种反射亢进，常提示其有脊关无节段背根、腹根或外周神经过敏、炎症、受压和脊髓膜炎等。可见于破伤风、脊髓膜炎、脊髓挫伤、狂犬病、有机磷中毒等，常见全身反射亢进。

当大脑和视丘下部受损伤或脊髓横贯性损伤以致上神经元失去对损伤以下脊髓节段控制时，则与其下段脊髓有关的反射亢进，且活动形式也有所改变。因此。上运动神经原（锥体束）损伤时，可以出现腱反射增强。

2. 反射机能减弱或消失

反射减弱或反射消失是反射弧的径路受损伤所致。无论反射弧的感觉神经纤维、反射中枢、运动神经纤维的任何一部位被阻断（例如核性或核下性麻痹）时；或反射弧虽无器质性损害，但其兴奋性降低时，都可导致反射减弱甚至消失。因此，临床检查发现某种反射减弱、消失，常提示其有关传入神经、传出神经，脊髓背根（感觉根）、腹根（运动根），或脑、脊髓的灰白质受损伤，或中枢神经兴奋性降低，例如意识丧失、麻醉、虚脱等。一定部位的感受器或效应器患病时，虽也出现反射减弱或消失，但前者患畜仅有感觉缺失，仍存在随意运动，而后者虽有运动瘫痪但仍有感觉。然而动物不能述说有无感觉并配合兽医进行随意运动，故难确诊，且单纯感觉或运动纤维受损伤的病例亦甚稀少。反射弧的任何一个环节受损伤时，均可导致反射机能减弱，甚至消失。

二、植物性神经机能的检查

（一）植物性神经机能障碍的症状

交感神经异常兴奋时，表现为心搏动亢进，外周血管收缩，血压上升，肠蠕动减弱，瞳孔散大，出汗增加和高血糖症状。

1. 交感神经紧张性亢进

表现为心动缓慢、外周血管紧张性下降、血压降低、贫血、肠蠕动增强、腺体分泌过多、瞳孔收缩、低血糖等。

2. 副交感神经紧张性亢进

交感、副交感神经紧张性亢进均可出现恐怖感、沉郁、眩晕、心跳加快、呼吸加快或困难、排尿和排粪障碍、子宫痉挛和发情减退等症状。

（二）植物性神经机能障碍的检查方法

常用物理检查法，即先计数动物的心跳总次数，然后用耳夹子或鼻捻棒绞夹耳朵，或用手压迫眼球，再计数心跳次数，比较前后心跳的变化。一般当副交感神经过度紧张时，则每分钟心跳次数可减少 6 ～ 8 次，甚至更多，而且心律不齐；如交感神经紧张时，则心跳次数不减少，甚至反而增多。

第九章 给药疗法

第一节 投药技术

一、胃管投药

胃管投药是用胃管经鼻腔或口腔插入胃内，将药液经胃管投入胃内的一种投药方法，是投服大量药液时常用的方法。当水剂药量较多，药品带有特殊气味，经口不易灌服时常用此法，最适合用于马、骡，也可用于牛、羊、犬、猫、兔等动物。

胃导管亦可用于食道探诊（探查其是否畅通）、瘤胃排气、抽取胃液或排出胃内容物及洗胃，有时用于人工喂饲。

胃管投药用的胃管可以用特制的软硬适宜的橡皮管或塑料胃管（特制胃管其末端闭塞而于近末端的侧方设有数个开口），也可以根据动物个体的大小，选用相应口径及长度的导尿管替代，也可用相应口径的橡胶管自制，但要注意必须使插入鼻腔或口腔的一端钝圆，避免插入胃管时损伤动物的鼻腔、口腔黏膜。使用胃管时，须配以与胃管口径相适应的漏斗。胃管使用前，应用温水清洗干净，排出管内残液，前端涂以液状石蜡、凡士林等润滑剂，盘成数圈，涂油端向前，另端向后备用。

（一）动物的胃管投药法

1. 马、骡胃管插入的方法

马属动物常用经鼻腔插入法。操作前先将病马在柱栏内妥善保定，畜主站在马头左侧握住笼头，固定马头，使头颈不要过度前伸。

术者站于马头稍右前方，用左手无名指与小指伸入左侧上鼻翼的副鼻腔，中指、食指伸入鼻腔，与鼻腔外侧的拇指配合固定内侧的鼻翼。右手持胃管将前端通过左手拇指与食指之间沿鼻中隔慢慢插入鼻腔，同时左手食指、中指与拇指将前端胃管固定在鼻翼边缘，以防病畜骚动时胃管滑出。

当胃管前端抵达咽部后，随病畜咽下动作将胃管插入食道。病畜拒绝下咽时，不要强行推送，应稍停或轻轻抽动胃管，或在咽喉外部进行按摩，诱发吞咽动作，伺机将胃管插入食道。

明确判定胃管插入食道后，再稍向深部送进，将胃管前端推送到颈部下1/3处，并连接漏斗或打药泵即可投药。为安全起见，可先投给少量清水，证明无误后再行投药。

投药结束，再以少量清水冲净胃管内容并灌入后徐徐抽出胃管。

如以导出胃内容物、吸取胃液或洗胃为目的，尚需继续送入胃管，直至其尖端达到胃内（一般应先用胃管量取自14肋间至鼻端的长度，并系以纱布条做标记，以明确判定其深度），而后再进行其他处理。如以食道探诊为目的，胃管前送时阻力过大或不能前进，提示食道梗塞或痉挛、狭窄。

2. 牛、羊胃管插入的方法

牛、羊常用经口插入法。也可用经鼻腔插入法，但胃管抵达咽部时，易使前端折回口腔而被咬碎，故一般较少应用。

经口插入时，应先将牛、羊站立保定，固定头部并稍抬高，装上横木开口器或铝合金开口器，系在两角根后部。

将胃管涂润滑油后，术者手持胃管前端自开口器的孔内送入，前端抵达咽部时，轻轻抽动，刺激引起吞咽，伺机随咽下动作将胃管插入食道。

准确判断胃管插入食道无误后，将胃管前端推送到颈部下1/3处，接上漏斗即可灌药。

灌完后慢慢抽出胃管，并解下开口器。

3. 猪胃管插入的方法

猪采用经口插入法。根据猪体大小选择适宜粗细的胃管或大动物导尿管。

先将猪进行保定，视情况而采取直立、侧卧或站立方式。一人抓住病猪的两耳将前躯夹于两腿之间保定，猪体较大时可用鼻端固定法保定，或将猪侧卧于绷架上保定。另一人用木棒撬开病猪口腔或用开口器将口打开（无开口器时，可用一根木棒中央钻一孔），装上投药用的横木开口器，固定于两耳后。将胃管从横木开口器的中间孔将胃管沿孔向咽部插入食道。

当胃管前端插至咽部时，轻轻抽动胃管，引起吞咽动作，并随吞咽插入食道。

判定胃管确实插入食道后推送到颈部下1/3处或胃内，接上漏斗即可灌药。

灌完后慢慢抽出胃管，并解下开口器。

4. 犬、猫胃管插入的方法

用经口插入法。对犬、猫施于坐姿保定，用开口器打开口腔，用胃管测量动物鼻端到第八肋骨的大致距离，在胃管上做下记号。用润滑剂涂布胃管前端，插入口腔从舌面上缓缓向咽部推进，在犬、猫出现吞咽动作时顺势将胃管推人食道并判断无误后，将胃管继续推送进入胃内。

5. 兔胃管插入的方法

用经口插入法。将兔仰卧或俯卧保定，用木制或竹制开口器压在舌头上面横贯口中，并用手固定头部和开口器，使口腔与食道呈一直线，然后将前端涂有润滑剂的胃管经开口器中间孔插入口中，随吞咽动作将胃管送人食道，判断无误后推送到胃。

6. 禽的胃管插入方法

将喙打开后，用医用导尿管沿口腔正中缓缓插入，判断导管插入食道后，用不带针头的注射器连接导管并注入药液。

（二）胃管插入食道的判断及投药

胃管插入后，在胃管外端连接漏斗，先灌入少量清洁水，观察动物无咳嗽等反应后即可投药。投药完毕，再灌以少量清水，冲净管内残留药液，然后将胃管徐徐抽出，并用清水洗净，放在 2% 煤酚皂溶液或 0.1% 新洁尔灭溶液中浸泡消毒备用。

如何判断胃管是否插进食道，检验方法很多，无论使用何种检查方法，都必须综合加以判定和区别，防止发生判断上的错误。主要检验方法见下表：

表 9–1 胃管插入食道或气管的鉴别要点

鉴别方法	插入食道内	插入气管内
胃管送入时的感觉	插入时稍感前送有阻力	无阻力，有落空感
观察咽、食道及动物的动作	胃管前端通过咽部时可引起吞咽动作或伴有咀嚼，动物表现安静	无吞咽动作，可引起剧烈咳嗽，动物表现不安
触诊颈沟部	可摸到在食道内有一坚硬探管	无
将胃管外端放耳边听诊	可听到不规则的咕噜声，但无气流冲耳	可听到呼吸音，随呼气动作而有强力的气流冲耳
用鼻嗅诊胃管外端	有胃内酸臭味	无
观察排气与呼气动作	不一致	一致
接橡皮球打气或捏扁橡皮球后再接于胃管外端	打入气体时可见颈部食道呈波动状膨起，接上捏扁的橡皮球后不再鼓起或不立即鼓起	不见波动状膨起，橡皮球迅速鼓起
用嘴吹入气体	随气流吹入，颈沟部可见明显波动	不见波动
将胃管外端浸入水盆内	水内无气泡发生	随呼气动作，水内有规则地出现气泡

（三）胃管投药的注意事项及出现意外时的处理措施

1. 胃管投药的注意事项

胃管使用前要仔细洗净、消毒；涂以润滑油或水，使管壁滑润；胃管投药的药液温度以与体温相近为宜，不得过低或过高。插入、抽动时不宜粗暴，要小心、徐缓，动作要轻柔。

病畜有鼻炎、咽炎、喉炎等疾病或有明显呼吸困难的不宜用胃管，有咽炎的病畜更应禁用。

应确实证明插入食道深部或胃内后再灌药；如灌药后引起咳嗽、气喘，应立即停灌；如中途因动物骚动使胃管移动、脱出亦应停灌，待重新插入并确定无误后再行灌药。

经鼻插入胃管，可因管壁干燥或强烈抽动，损伤鼻、咽黏膜，引起鼻、咽黏膜肿胀、发炎等。导致鼻出血（在马尤其多见），应引起高度注意。如少量出血，不久可自停。出血很多时，可将动物头部适当高抬或吊起，进行鼻部冷敷，促进止血。当出血过多冷敷无效时，可用大块纱布、海绵或 1% 鞣酸棉球暂堵塞一侧鼻腔；或配合应用止血剂，皮下注射 0.1% 盐酸肾上腺素 5 mL 或 1% 硫酸阿托品 1 ～ 2 mL 加快止血；必要时可注射全身性止血药、补液乃至输血。

牛经鼻投药，胃管进入咽部或上段食道时，可能发生呕吐，此时应放低牛头，以防止呕吐物倒流进入气管。如呕吐物很多时，应抽出胃管，待呕吐完毕后再行投药。

灌药前必须正确判断胃管是否误插入气管，否则会将药液误灌入气管和肺内引起异物性肺炎，甚至造成窒息或迅速死亡。

必须确认胃管插入食道深部或胃内后再行灌药，灌药过程中，应密切注意病畜的表现，如病畜出现不安、咳嗽、气喘、呼吸急促、鼻翼张开、张口呼吸或肌肉震颤、出汗、黏膜发绀等症状或现象时，应立即停灌，并使动物低头，促进咳嗽，呛出药物，必要时应用强心剂或给予少量阿托品兴奋呼吸系统，同时大剂量注射抗生素制剂。

灌药中因动物骚动使胃管移动或滑出时，亦应停止灌药，待重新插入并判断无误后再继续灌药。

胃管投药因操作失误使药液误入肺内引起动物异物性肺炎时，按异物性肺炎的疗法进行救治。

2. 药物误投入肺的表现及其抢救措施

（1）药物误投的表现

药物投入呼吸道后，动物突然出现骚动不安，频繁咳嗽，随咳嗽而有药

液从口、鼻喷出；呼吸加快或呼吸困难，鼻翼开张或张口呼吸；继则可见肌肉震颤、大出汗，黏膜发绀，心跳加快、加强；数小时后体温可升高，肺部出现啰音，并进一步呈异物性肺炎的症状。当灌入大量药液时，甚至可造成动物的窒息或迅速死亡。

（2）抢救措施

在灌药过程中，应密切注意动物表现，发现异常，立即终止，使动物低头，促进咳嗽，呛出药物；应用强心剂，或给以少量阿托品以兴奋呼吸；同时应大量注射抗生素制剂；如经数小时后，症状减轻，则应按疗程规定继续用药，直至恢复。

二、经口灌药

灌药法是借投药器具将药液灌入病畜口腔，让病畜自行咽下的一种投药方法。适用于投服少量液体状药物、中草药煎剂和能用水溶解调成稀粥样的药物，多用于猪、犬、猫等小动物，其次是牛、马。常用的投药器有灌角、橡胶瓶、小勺、洗耳球或注射器（不带针头）等。

（一）马、骡的灌服法

通常用灌角、长颈酒瓶、竹筒等灌药器。长颈酒瓶最方便，但要检查瓶子是否完好。马在柱栏内站立保定，用一条软细绳，一端系在笼头上或做成绳套套在上颚切齿后方，另一端经过一横木或柱栏横杆，由助手或畜主拉紧将马头吊起，使口角与耳根平行，助手（畜主）的另一只手把住笼头。（特别要注意，马的牙齿很锋利，后腿会踢人，千万不能拍打马臀部，一定要让畜主保定好。）

术者一手持药盆，一手持灌药器并盛满药液，站在病畜侧前方，左手从马的一侧口角处伸入口腔，轻压舌头，右手持盛有药液的灌药瓶，自另一侧口角伸入舌背部抬高瓶底，并轻轻振抖。如用橡胶瓶时，可挤压瓶体，促进药液流出，配合吞咽动作灌服，直至灌完。

咽下后再灌下一口，不要连续灌注，以免误咽。

（二）牛、羊的灌服法

牛多用灌角、橡皮瓶或长颈酒瓶，或以竹筒代用。

将牛站立保定，由助手（或畜主）一手握住角根，另一手握住鼻中隔或紧拉鼻环，使牛头抬起，固定头部，必要时使用鼻钳进行保定。

术者左手从牛的一侧口角插入，打开口腔并轻压舌头；右手持盛满药液的药瓶，自另一侧口角伸入并送向舌背部；抬高瓶底，轻轻振抖，并轻压橡皮瓶使药液流出，配合病牛吞咽动作灌服。不能喂得过急，要缓慢，要等病畜吞咽后，一次呼吸完后才能灌服。

羊灌药时助手将动物站立保定，抬高头部。术者徒手打开口腔，一手持盛药的药瓶自口角处伸至舌背部轻压药瓶使药液流出，随动物吞咽动作缓慢灌入。

（三）猪的灌药法

较小的猪灌服少量药液时可用药匙（汤匙）或注射器（不接针头）。较大的猪若药量大可用胃管投入，亦很方便、安全。

灌药时令一人将猪的两耳抓住，把猪头略向上提，使猪的口角与眼角连线近水平，并用两腿夹住猪背腰部。另一人用左手持木棒把猪嘴撬开，右手用汤匙或其他灌药器，从舌侧面靠颊部倒入药液，待其咽下后，再灌第二匙；如含药不咽，可摇动口里的木棒，刺激其咽下。仔猪、育成猪或后备猪灌药时，由助手或畜主用双腿夹住猪的颈部或前躯，双手抓住猪两耳，猪头稍抬高使嘴角与眼角在同一水平线上，术者用灌药器具灌药。哺乳仔猪灌药时，畜主右手握住两后肢，左手从耳后握住头部，使猪呈腹部向前、头向上姿势，嘴角与眼角在同一水平线上，并用拇指、食指压住两侧口角，术者用药匙或注射器自口角处慢慢灌入或注入药液。

三、口腔投服

经口腔投服给药法是直接将药物投入动物口腔让动物自行咽下或舔食的一种给药方法，适用于投服片剂、丸剂或舔剂等药物。片、丸状或粉末状的药物以及中药的饮片或粉末，尤其对苦味健胃剂，常用面粉、糠麸等赋形药制成糊剂或舔剂，经口投服以加强健胃的效果。

（一）牛、羊经口腔投药技术

病牛、羊采用站立保定，可由助手适当固定其头部，防止乱动。术者一手从一侧口角伸入打开口腔，一手持药片、药丸或用竹片刮取舔剂从另一侧口角送入病畜舌背部，病畜即自行闭合口腔，咽下药物。给药后可灌服或喂服少量清水。

（二）猪经口腔投药技术

病猪保定与灌药法相似，术者一手用木棒撬开猪口腔，片剂、丸剂可用另一手直接从口角处送入舌背部（舔剂可用药匙或竹片送入），待投药的一手

（或药匙、竹片）安全撤出后，拉出木棒使其闭嘴自行咽下。

（三）犬、猫片剂、丸剂经口投药法

令犬、猫采取坐立姿势，对性情温和的犬、猫，以左手拇指、食指在两侧口裂后方，隔着皮肤向其齿间隙压迫，即可打开口腔。投药人员用镊子夹持药片、药丸，送入犬、猫的舌根部，迅速将犬、猫嘴合拢，防止张嘴。当犬、猫的舌尖伸出在口腔外并用舌舔鼻端时，说明已将药咽下。某些犬、猫不往下咽药片、药丸，投药人员应抓住上下颌严防口张开，并用手指轻轻叩打其的下颌，促使突然咽下药丸，以减少吐出的机会。

（四）禽的口腔投药技术

由畜主或助手抓住禽的翅膀及腿部进行保定，术者用左手拇指和食指抓住冠或头部皮肤，或用拇指和食指压住两侧口角，使喙张开，右手把药塞入禽嘴里，然后投给少量的水帮助吞咽，让其咽下后再投药。

（五）马、骡的口腔投药技术

病马站立保定，术者用一手从一侧口角伸入，以拇指顶住上颚，打开口腔，另一手持药片、药丸或用竹片刮取舔剂，自另侧口角送入舌根部，同时将手抽出，使其闭口，并用手掌托住下颌，把头抬高，待其自行咽下后灌给或喂给少量的清水。舔剂通常用光滑的木板或竹片；丸剂、片剂可徒手，必要时可用特制的丸剂投药器（木板和竹片一定要光滑）。

四、混饲投药

混饲投药法是现代集约化养殖业中最常用的一种给药途径。将药物均匀地混拌于饲料中，让畜禽采食时连同药物一起食入胃内的一种给药方法。该法简便易行、节省人力、减少应激，故常用于集约化养猪场、养禽场、养牛场的预防性给药，尤其适用于长期给药，也适合于对尚有食欲的发病猪群、禽群进行治疗。但对重病的动物、食欲废绝时的动物不能使用此法。这种方法的缺点是可能因搅拌不均匀、个体采食量不同、抢食等因素而导致摄入药量不一致，吃得多导致中毒，吃得少达不到药效。一般情况需要饲养员看管并人为调控分群，以免发生中毒和错过最佳治疗时间。

（一）混饲的方法

1. 确定混饲的浓度

混饲浓度常用百分比浓度，用毫克 / 千克来表示。通常有两种计算方法。

一是药物用量以动物每千克体重多少克计时，先算出整群动物的总体重，再根据单位体重用药剂量算出全部用药总量，根据具体给药情况（分次给药或一次给药）将药物拌入当餐或当天要消耗的饲料中拌匀。

二是药物有明确混饲比例时，根据一餐或一天整群畜禽群应消耗的饲料量，按混饲比例计算出总药量，再将药物拌入当餐或当天的饲料中拌匀。应特别注意拌料用药标准与饲喂次数相一致，以免造成药量过小起不到作用或药量过大引起畜禽中毒的现象发生。无论什么方法，当天食完为宜，不宜过多或过少。

2. 拌药方法

粉剂的药物可直接拌入饲料，片剂的药物应充分研碎研细后才能拌入饲料。为了保证药物混合均匀，通常采用分级混合法，先将全部用量的药物加入少量饲料中混匀，再加入部分饲料拌和，多次逐步递增饲料，直至将饲料混完。充分拌匀后将混药饲料喂给动物，让其自由采食。切忌把全部药量一次加人所需饲料中，简单混合法会造成部分畜禽药物中毒而大部分畜禽吃不到药物，达不到防止疾病的目的或贻误病情。

对一些特殊动物，也可将个体剂量的片剂、散剂或丸剂药物混包于大小适中的面团、馒头、肉块中，让其单个自由食入。有些药物混入饲料后，可与饲料中的某些成分发生拮抗作用，这时应密切注意不良作用，尽量减少拌药后不良反应的发生。如饲料中长期混合磺胺药物，就容易引起鸡体内维生素 B 或钾缺乏，导致鸡出现冠心病和凝血不良，这时就应适当补充这些维生素。

（二）注意事项

混饲给药应在病畜群尚有食欲时进行，为保证药料能迅速食净，给药前可适当停食。

安全范围过小的药物不宜通过混饲给药。

混饲给药时药物与饲料必须混匀，否则会引起一部分动物摄入药量过多而中毒，另一部分动物摄入药量不足而达不到防治目的。

小猪料、鸡料、鸭料常以颗粒饲料为主，而颗粒性饲料不易与药物混匀而沉于底层，此时可先以清洁水以喷雾法将饲料稍喷湿，再拌入药物。

畜禽群密度过大，易出现抢食时，混饲给药宜分多点饲喂。

五、混饮给药

混饮给药技术也叫饮水法给药，是将药物溶解到水中，让动物通过饮水摄入药物的一种给药方法。这种方法是比较常用的给药方法之一。此法常用于群体性预防性给药或经口补液时，也可用于食欲降低或丧失但仍有饮欲的动物疾病的治疗。还适用于传染病和寄生虫病的预防和治疗。

（一）混饮的方法

饮水法给药分为自由混饮法、口渴混饮法两种。

1. 自由混饮的方法

对于一些在水中不容易被破坏的药物，按药物混饮浓度将药物加入水中混匀，供动物长时间自由饮用，一般以当天饮完为宜。该法适用于在水溶液中性质较稳定的药物。这种方法用药时，药物吸收是一个相对缓慢的过程，其摄入药量受气候、饮水习惯的影响很大。若夏季气温高时浓度小些，寒冷季节浓度大些。

2. 口渴混饮法

对于一些容易被破坏或失效的药物，要求畜禽在一定时间内都饮入定量的药物，以保证药效。为达到目的，用药前动物先禁水一定时间（依季节、天气而定，寒冷季节长些，停饮 3 ～ 4 小时；炎热季节短些，一般停饮 1 ～ 2 小时），使动物处于口渴状态，然后喂给按要求配制好的供动物在短时间内饮完的混饮药液，一般以 1 ～ 2 小时内饮完为宜，饮完药液后再自由饮水。该法特别适用于一些在水中容易被破坏或失效的药物，如弱毒疫苗，可减少药物损失，保证药效；抗生素及合成抗菌药（一般将一天治疗量药物加入到 1/5 全天饮水量的水中，供口渴的畜禽一小时左右饮完），可取得高于自由混饮法的血药浓度和组织药物浓度，更适用于较严重的细菌性、支原体性传染病的治疗。

（二）混饮给药的原则

1. 准确认真、按量给水

为了保证全群内绝大部分个体在一定时间内都能喝到一定量的药水，不至由于剩水过多造成吸入个体内药物剂量不够，或加水不够，饮水不均，某些个体缺水，而有些个体饮水过多，就应该严格掌握畜禽一次的饮水量，再计算全群饮水量，用一定系数加权重，确定全群给水量，然后按照药物浓度，准确计算用药剂量，把所需药物加到饮水中以保证药饮效果。因饮水量大小与畜禽的品种，畜禽舍内的温度、湿度，饲料性质、饲养方法等因素密切相关，所以畜禽群体不同饮水量也不尽相同。

2. 合理施用、加强效果

一般而言，饮水给药主要适用于容易溶解在水中的药物，对于一些不易溶解的药物可以采用适当的加热、加助溶剂或及时搅拌的方法，促进药物溶解，以达到饮水给药的目的。注意药物加热后在短期内需用完。但对毒性大的药物像喹乙醇等则不能用此法。

（三）混饮投药的注意事项

（1）混饮给药一般适用于水溶性较大且在水中不易被破坏的药物。对溶解性较小的药物，混饮时则需加热或搅拌以促进其溶解，但要尽可能在较短时间内让动物饮完，避免因降温、静置后析出沉淀，导致部分动物摄入过多而引起中毒。

（2）安全范围过小的药物亦不宜通过混饮给药，避免发生中毒。同种动物采食量不同，饮水量也不同。

（3）要严格掌握药液的浓度，避免因浓度过小达不到用药目的，浓度过大发生中毒。

（4）注意控制药液量，一般自由混饮以当天饮完为宜，禁水后混饮以 1 ～ 2 小时内饮完为宜。

（5）同时混饮多种药物时，须注意药物配伍禁忌。如盐酸环丙沙星在水中显酸性，氨茶碱在水中显碱性，这时溶解度改变则析出沉淀。

（6）禁水后混饮可能出现动物抢饮现象，应给予足够的饮水位置，保证药效。

六、熏蒸、气雾法给药

药物熏蒸法是让药物蒸汽弥漫畜禽圈舍，均匀地分布到禽舍的各个角落，让畜禽通过呼吸作用吸入体内或作用于畜禽皮肤、黏膜及羽毛的一种给药方法。气雾给药是指使用能使药物气雾化的器械，将药物分散成一定直径的微粒，弥散到空气中，让畜禽通过呼吸作用吸入体内或作用于畜禽皮肤、黏膜及羽毛的一种给药方法。也可用于畜禽群消毒。使用这种方法时，药物吸收快，作用迅速，节省人力，尤其适用于现代化大型养殖场，但需要一定的气雾设备，且畜禽舍门窗应能密闭。同时，使用药物时，不应使用有刺激性药物，以免引起畜禽呼吸道发炎。

（一）药物熏蒸法

适用于畜禽流行性感冒、支气管炎、肺炎，以及某些皮肤病的治疗。

1. 操作方法

畜禽圈舍内设药物蒸汽锅，将药物加水倒入锅内，加热煮沸，让蒸汽弥漫室内，然后将待治疗畜禽迁入室内。每次熏蒸 15 ～ 30 分钟。

2. 注意事项

治疗室要密闭，面积一般以 10 ～ 12 m² 为宜。不宜用刺激性药物，以免引起呼吸道炎症加重。

特别要注意，熏蒸消毒常用福尔马林熏蒸，测算畜舍按福尔马林 25 g : 12.5 L 水、生石灰或高锰酸钾计算总的用药量，熏蒸大概 12 ～ 24 小时后，通风 2 ～ 3 天。消毒根据情况可进行也可不进行，消毒针对的是空圈舍，不能有动物在里面。

（二）超声波雾化疗法

超声波雾化器广泛应用于治疗上呼吸道、气管、支气管感染及肺部感染，具有稀释痰液、湿化气道、祛痰的作用。对于上呼吸道疾病症状、消炎、抗菌以及止咳祛痰具有独到的治疗功效，也可吸入抗过敏药物疫苗接种，作为抗过敏和脱敏途径之一。

1. 操作方法

使用超声波雾化器时，先将药液加入药杯中，盖紧药杯盖，再将面罩给动物戴上，或不用面罩而直接将波纹管对准动物口、鼻部。插上电源，开机即可。雾化量开关可调节出雾量的大小，以不引起动物不适为宜。

2. 注意事项

雾化药液稍加温，接近体温。随时观察雾化管内药液的消耗情况，如药液消耗过快，应及时添加。水槽内蒸馏水及雾化管内药液均匀，不能过少。治疗后，要将所有用过的器具清洗消毒。

（三）熏蒸法、气雾法投药技术注意事项

1. 恰当选择气雾用药，充分发挥药物效能

为了充分利用气雾给药的优点，应该恰当选择所用药物。并不是所有的药物都可通过气雾途径给药，可应用于气雾途径的药物应该无刺激性，易溶解于水。同时还应根据用药目的不同，选用吸湿性不同的药物。若欲使药物作用于肺部，应选用吸湿性较差的药物，而欲使药物作用于呼吸道，就应选择吸湿性较强的药物。

2. 恰当选择气雾用药，充分发挥药物效能

应用气雾给药时，不要随意套用拌料或饮水给药浓度。为了确保用药效果，在使用气雾给药前应按照畜禽舍空间情况，使用气雾设备要求，准确计算用药剂量，以免过大或过小，造成不应有的损失。

3. 恰当选择气雾用药，充分发挥药物效能

在气雾给药时，雾粒直径大小与用药效果有直接关系。气雾微粒越细，

越容易进入肺泡内，但与肺泡表面的黏着力小，容易随呼气排出，影响药效。微粒越大，则越不易进入肺泡内，而容易落在空间或停留在动物的上呼吸道黏膜，从而不能产生良好的用药效果。同时微粒过大，还容易引起畜禽的上呼吸道炎症。此外，还应根据用药目的，适当调节气雾微粒直径。如要使药物达到肺部，就应使用雾粒直径小的雾化器。反之，要使药物主要作用于上呼吸道，就应选用雾粒较大的雾化器。

七、灌肠投药

动物灌肠方法就是通过向直肠内注入药液、营养物液或温水，直接作用于肠黏膜，使药液、营养物得到吸收或促进宿粪排出以及除去肠内分解产物与炎性渗出物，达到治疗疾病的目的。灌肠投药技术分为浅部灌肠和深部灌肠。

（一）浅部灌肠

浅部灌肠法是将药液灌入直肠内的给药方法。用于直肠炎、结肠炎治疗时灌入消炎药来排除直肠内积粪，或病畜食欲废绝、采食障碍、吞咽困难时人工给予营养。

1. 准备

一般直肠炎、结肠炎治疗时可用 0.1% 高锰酸钾溶液或 2% ～ 3% 硼酸溶液；用于排除积粪时，大动物一般用 1% 温盐水、温林格氏液，小动物一般用甘油；用于人工补充营养时一般用葡萄糖溶液 5% ～ 10%。

2. 药液的用量

大动物一般每头每次 1 000 ～ 2 000 mL，小动物每头每次 100 ～ 200 mL。

3. 操作方法

动物取站立保定，尾巴拉向一侧。取出直肠内宿粪后，术者一手提盛有药液的灌肠用吊筒（可用软橡胶管连接漏斗自制代替），另一手将连接吊筒的橡胶管轻缓插入肛门 10 ～ 20 cm，然后高举吊筒，使药液流入直肠内（用自制灌肠器时，高举漏斗，由助手将药液倒入漏斗流入直肠）。

（二）深部灌肠法

将大量药液灌到结肠肠管内，主要用于马属动物便秘，特别适用于胃状膨大部等大肠便秘的治疗。也适用于猪、犬等小动物的肠套叠、结肠便秘的治疗。

1. 大动物深部灌肠法

（1）保定

大动物柱栏内站立保定，尾巴偏向一侧或吊起固定。中小动物于手术台上侧卧保定。

（2）麻醉

施行后海穴封闭，使肛门括约肌及直肠松弛，用 10 ～ 20 cm 的长针头与脊柱平行进针刺入后海穴 10 cm 左右，注射 1% ～ 2% 普鲁卡因注射液 20 ～ 40 mL。

（3）塞肠器的准备

常用器械有灌肠器、压力唧筒、吊桶、塞肠器（有木制塞肠器与球胆制塞肠器）等。木制塞肠器长 12 ～ 15 cm，前端直径 8 cm，后端直径 10 cm，中间有 2 cm 直径圆形孔道的圆锥形孔道器，后端装有两个铁环，塞入直肠后，将两个铁环拴上绳子，系在颈部的套包或夹板上。球胆制塞肠器，是将带嘴的排球胆剪两个相对的孔，中间插一根直径 1 ～ 2 cm 的胶管，然后再用粘胶粘合，胶管朝向尾部的一端露出 20 ～ 30 cm，连接灌肠器，朝向头部的一端露出 5 ～ 10 cm，送入直肠。塞入直肠后，由原球胆嘴向球胆内打气，胀大的球胆则堵住直肠膨大部而自行固定。

（4）灌药

将灌肠器的胶管经木制塞肠器的孔道插入直肠内，或与球胆制塞肠器的胶管相连接，缓慢地灌入药水 1000 ～ 2000 mL。灌肠开始时，水流通畅，当药水到达结粪阻塞部位时，流速渐慢，甚至随动物努责向外返流，此时并不表示灌入药水量已足够，要耐心等待，当药水通过结粪阻塞部时，则继续向前流，流速会加快。一直灌注至病畜腹围稍增大，并且腹痛加重，呼吸增数，胸前微微出汗，表示灌注量已经适度，此时不再灌。灌注完毕后，经 15 ～ 20 min 取出塞肠器。

如无灌肠器时，可用一根直径 1 ～ 2 cm 的胶管代替，管的一端连接塞肠器，一端连接相应口径的漏斗。灌注药水时将漏斗抬起比动物后躯高 1 m 以上，以形成一定的压力，方能将药液灌入。

2. 小动物深部灌肠法

此法主要用于小动物发生肠套叠，而套叠时间又不长时对套叠肠段的整复，或小动物直肠炎、结肠炎和结肠便秘的治疗。灌药时，动物取站立或侧卧保定，并呈前低后高姿势。术者将灌肠器的胶管（或替代胶管）的一端插入肛门，向直肠推进 0.8 ～ 1.0 cm，另一端连接漏斗或吊筒（也可用大容量注射器或洗耳球注入药液）。将漏斗或吊筒抬高超过动物后躯，先灌入少量药液，软化排出直肠内积粪，待排净积粪后再大量灌入药液，直至肛门流出灌入药液为止。一般幼犬、仔猪灌入量为 80 ～ 100 mL，成年犬或猪为 200 ～ 500 mL。

（三）注意事项

（1）灌肠时，动物要做可靠保定。

（2）直肠内有较多积粪时，应先将积粪取出，再进行灌肠。

（3）塞肠器、胶管等插入直肠前应涂以润滑剂，并避免粗暴操作损伤肠黏膜或造成肠穿孔。

（4）灌入的药液的温度应接近动物直肠温度，以免对肠壁造成大的刺激。

（5）不使用塞肠器时，灌入的药液容易返流排出，应用手压迫尾根和肛门或于灌注药液的同时，拍打其尾根部或用手指刺激肛门周围，也可通过按摩腹部减少排出。

第二节　注射技术

一、皮内注射

皮内注射是将药液注入皮肤的表皮与真皮之间的一种注射方法，多用于变态反应试验，部位选在颈侧或尾部。注射时左手捏起皮肤，右手持注射器使针头与皮肤呈 30° 角刺入皮内，缓慢地注入药液，在注射部位呈现小丘疹状隆起为注射正确。拔出针头后，不再消毒或压迫。注射时感到较费力，表明注射正确。如果注射时感到很容易，则表明注入皮下，应重新刺针。

（一）应用

主要用于牛结核、副结核、肝片吸虫、马鼻疽等疾病的变态反应诊断、药物过敏试验，以及炭疽疫苗、绵羊痘苗等的预防接种。

（二）准备

皮内注射一般仅在皮内注入药液、疫苗或菌苗 0.1 ～ 0.5 mL，故宜选用小容量注射器或特制的注射器（如结核菌素注射器、连续注射器等）和短针头。对注射器械用煮沸消毒法进行消毒。

（三）注射部位

猪在耳根部，马、牛在颈侧部（牛亦可在尾根部腹侧），鸡在肉髯部位的

皮肤。

（四）操作方法

注射部位剪毛，常规消毒。左手拇指、食指将皮肤捏起形成皱襞，右手持注射器，排尽注射器内空气，注射针头斜面朝上，与注射部位皮肤呈 5° 角刺入皮内，待针头斜面全部进入皮内后（约 0.5 cm），左手拇指固定针体，右手推注药液。操作正确时，可见注射部位出现一半球形隆起，俗称“皮丘”，并感到推药时有一定阻力（如误入皮下则无此现象和感觉）。注射完毕，迅速拔出针头，用 75% 酒精棉球轻擦消毒注射部位，注意不得挤压，以防药液流出。

1. 牛的皮内注射

动物柱栏内保定。注射部位在颈侧部。术部剪毛，消毒。先用碘酊消毒，再用酒精脱碘。术者左手拇指与食指将术部皮肤捏起并形成皱褶，右手持注射器，针头与皮肤成一定角度，刺入皮内，注入药物，局部形成一小球状隆起。注完后，拔出针头，术部消毒。

2. 马的皮内注射

皮内注射部位在颈侧部。术部剪毛，消毒。先用碘酊消毒，再用酒精脱碘。术者左手拇指与食指将术部皮肤捏起并形成皱褶，右手持注射器，针头与皮肤成一定角度，刺入皮内，注入药物，局部形成一小球状隆起。注射完后，拔出针头，术部消毒。

3. 鸡的皮内注射

术者一手抓住小鸡，用拇指、食指捏起颈背部皮肤，另一手持注射器将针头刺入皮下，注入药物。

二、皮下注射

皮下注射是将药物注射于皮下结缔组织内，经毛细血管、淋巴管的吸收而进入血液循环的一种注射方法。皮下注射法常用于无强刺激性且易溶解的药物、菌（疫）苗或血清的注射。进针在颈侧或肩胛后方的胸侧皮肤易移动的部位。注射时，一手捏起皮肤做成皱褶，另一手持注射器，将针头于皮肤皱褶处的三角形凹窝刺入皮下约 2 ～ 3 cm，抽动活塞不见回血，针头可自由活动，推动活塞注入药液，注射后，用酒精棉球压迫针孔，拔出针头，再用碘酒涂抹针孔。注射药量大时，可采取分点注射。

（一）牛、马的皮下注射方法

1. 适用药物

无刺激性或刺激性较小的药物、菌（疫）苗或血清。

2. 注射部位

多选在牛颈侧部或肩胛部皮下进行注射。

3. 注射方法

用酒精棉球消毒注射部位。用左手拇指和食指捏起皮肤，使之形成皱褶，右手持针斜向将针头刺入皮肤皱褶之下，缓缓注入药液。注液结束后，将针头拔出，用酒精棉球消毒按压。

（二）猪、羊的皮下注射方法

1. 适用药物

无刺激性或刺激性较小的药物。

2. 注射部位

猪、羊在耳根后或腹股沟内侧部皮下进行注射。

3. 注射方法

助手将动物站立保定。术部剪毛，消毒。先用碘酊消毒，再用酒精脱碘。术者右手中指和拇指捏起皮肤，食指下压皱褶呈窝，右手持连接针头的注射器。从皱褶陷窝处刺入皮下 2 cm 自由拨动针头后，左手把持针头，右手将药物注入皮下，左手持酒精棉球按压注射部位，右手拔出针头，局部消毒。

（三）犬的皮下注射方法

1. 皮下注射的部位

通常选择皮肤较薄、皮下组织疏松而血管较少的部位，如颈部或腹股沟内侧皮下为较佳的部位。

2. 适用药物

凡是易溶解、无刺激性的药物以及菌苗、疫苗，都可皮下注射。

3. 注射方法

注射时，助手将犬保定好，局部剪毛（对供玩赏用的长毛狮子狗等，为了避免因剪毛影响外观，可在注射局部用消毒棉球将被毛向四周分开），用 70% 酒精棉球消毒后，以左手的拇指、食指和中指将皮肤轻轻捏起，形成一个皱褶，右手将注射器针头刺入皱褶皮下，深约 1.5 ～ 2.0 cm。药液注完后，用酒精棉球按住进针部皮肤，拔出针头，轻轻按压进针部位皮肤即可。

（四）鸡的皮下注射方法

术者一手抓住小鸡，用拇、食指捏起颈背部皮肤，另一手持注射器将针头刺入皮下，注入药物。

三、肌肉注射

肌肉注射是将药液注入肌肉内的一种注射方法。适用于刺激性较强和较难吸收的药液。过强的刺激药，如水合氯醛、氯化钙、水杨酸钠等不能作肌肉内注射。部位选在肌肉丰富的臀部和颈侧。注射时将带有导管的针头垂直刺入肌肉适当深度，回抽活塞无回血即可注入药液。注射后拔出针头，注射部位涂碘酒或 75% 酒精。

（一）肌肉注射概述

1. 应用

由于肌肉内血管丰富，注入药液吸收迅速，因此肌肉内注射法适用于大多数注射针剂，一些刺激性较强、较难吸收的药剂（如乳剂、油剂等）和许多疫（菌）苗的注射给药。

2. 准备

根据动物种类和注射部位不同，选择大小适当的注射针头。犬、猫一般选用 7 号针头，猪、羊选用 12 号针头，牛、马选用 16 号针头。对注射器械用煮沸消毒法进行消毒，可加一点碳酸钠增加沸点，以更好地杀菌。

3. 注射部位

凡肌肉丰满的部位，均可进行肌肉注射。一般大动物及犊牛、马驹、羊、犬等多在颈侧、臀部或股前部；猪在耳根后、臀部或股内侧；猫在臀部或股前部；兔在臀部；禽在胸部及大腿部。

4. 操作方法

对患畜作适当保定，注射部位常规消毒。对于大动物，以右手拇指与食指捏住针头基部，中指标定刺入深度，用腕力将针头垂直皮肤迅速刺入肌肉 2 ～ 3 cm，然后用左手固定针头，右手持注射器与针头连接并回抽活塞，如无回血即可推注药液。对中小动物，可直接手持连有针头的注射器进行注射，但针头刺入的深度要酌减。注射完毕，用左手持酒精棉球压迫针孔部，迅速拔出针头。

（二）不同动物的肌肉注射法

1. 牛、马的肌肉注射方法

马、牛的肌肉注射部位在臀部或颈侧部。先抽取药液，排除余气。患畜术部剪毛，消毒。先用碘酊消毒，再用酒精脱碘。术者左手持注射器，右手持带有导管的针头，将针头垂直刺入肌肉，注入药液。注完后，左手持酒精棉球按压注射部位，右手拔出针头，局部消毒。

2. 猪、羊的肌肉注射方法

猪、羊的肌肉注射部位在臀部或耳根后。动物站立保定。术部剪毛，消毒。先用碘酊消毒，再用酒精脱碘。术者一手持金属注射器快速将针头垂直刺入肌肉，注入药液，注完后用酒精棉球按压注射部位，局部消毒。

3. 犬、猫的肌肉注射方法

一般刺激性较轻的药液和较难吸收的药液，均可作肌肉注射，但刺激性较强的药物，如氯化钙、高渗盐水等不能作肌肉注射。肌肉注射时，应选择肌肉丰满无大血管的部位，如臀部、背部肌肉。助手将犬保定好并消毒后，术者用左手的拇指和食指将注射部皮肤绷紧，右手持注射器，使针头与皮肤成 60 度角迅速刺入，深约 2.0 ～ 2.5 cm，回抽针管内芯，无血液回流，即可将药液推入肌肉内。注射完毕后，局部应再次消毒。

4. 鸡的肌肉注射方法

注射部位在大腿部。助手保定好鸡。术部剪毛，消毒。先用碘酊消毒，再用酒精脱碘。术者一手持金属注射器快速将针头成一定角度（大概 60° 角）刺入肌肉，注入药液，注完后用酒精棉球按压注射部位，局部消毒。

（三）肌肉注射的注意事项

（1）肌肉注射大动物必须垂直进针，特别是注射油剂类。

（2）为防止针头折断，可用带有软导管的针头注射。

（3）刺激性太强的药物不能肌肉注射。

（4）一定要回抽无血才能注射。

四、静脉内注射

（一）概述

静脉内注射是将药液注入静脉内或利用液体静压将一定量的无菌溶液、药液或血液直接滴入静脉内，使药物随血液很快分布全身的一种注射方法。有推注和滴注两种方式。

1. 应用

静脉注射法适用于用药量大、对局部刺激性大的药液。多随动物的不同而选择不同部位静脉注射。静脉注射的优点是迅速发挥药效，常用以补液、输血、需急救动物的用药（如强心药）、注射有刺激性较强的药物（如氯化钙）。有些药物如乳剂、油剂等不宜进行静脉注射。

2. 静脉注射或输液用品准备

包括静脉注射盘、注射器（根据注射药液量可选择 50 ～ 100 mL 容量）及针头或一次性使用输液器、瓶套、开瓶器、止血带、血管钳、胶布、剪毛剪、无菌纱布、药液、输液卡、输液架等。

（二）不同动物的静脉注射方法

1. 牛的静脉注射

牛多采用颈静脉注射。颈静脉位于颈静脉沟内。

将静脉注射的药液配好，装在输液吊瓶架上，排尽注射器或输液管中的气体。牛的颈侧皮肤较厚且敏感，因此要采用突然刺入的方法进针。助手将牛的头部可靠保定，使其头部稍前伸。术部剪毛，先用碘酊消毒，再用酒精脱碘。术者左手压迫颈静脉的近心端（靠近胸腔入口处），或用绳索勒紧颈下部，使颈静脉因静脉回流受阻而怒张。确定好注射部位（颈静脉的下 1/3 与中 1/3 的交界处），右手持针头用力迅速地与皮肤垂直刺入皮肤（刺入时应借助腕力奋力刺入）及血管。若见到血液流出，表明已将针头刺入颈静脉中，再沿颈静脉走向稍微将针头继续顺血管推进 1 ～ 2 cm，接上针筒或输液管，用胶布固定或用夹子把胶管固定在颈部，缓缓注入药液。注射完毕，迅速拔出针头，用酒精棉球压住针孔，按压片刻，最后涂以碘酒。注射时，对牛要确实保定，注入大量药液时速度要慢，以每分钟 30 ～ 60 滴为宜（即每分钟 30 ～ 35 mL），冬天药液应加温至接近体温。一定要排净注射器或胶管中的空气。注射刺激性的药液时不能使药液漏到血管外。

此外，牛还可采用尾静脉注射，注射部位在尾巴近尾根距肛门 10 ～ 20 cm 的尾腹中线处。注射时，术者用一手将牛尾举起与背中线垂直，另一手持连接注射器的针头，在尾腹侧中线垂直尾纵轴进针至针头稍微触及尾骨，然后试着回抽，若有回血，即可注入药液或采血。如无回血，可将针头稍微退出 1 ～ 5 mm，并用上述方法再次刺入，直至见有回血。必要时也可选乳静脉进行注射，注射时压迫远离乳房的一端血管。

2. 马的静脉注射

多采用颈静脉注射，颈沟上 1/3 和中 1/3 交界处的颈静脉血管（参见牛的注射部位），特殊情况下可在胸外静脉进行。

将静脉注射的药液配好，装在输液吊瓶架上，排尽注射器或输液管中的气体。病畜取站立保定，将其头部拉紧前伸并稍偏向对侧，术部剪毛、消毒。术者用左手拇指横压注射部位稍下方（颈静脉近心端）的颈静脉沟，使静脉管充盈怒张。右手持连接针头并装入药液的注射器，使针尖斜面朝上，沿颈静脉径路，在压迫点前上方约 2 cm 处，使针头与皮肤呈 30° ～ 45° ，准确迅速地刺入静脉内，手感空虚并见有回血后，再沿脉管向前进针。松开左手，同时用拇指和食指固定针头的连接部，靠近皮肤，放低右手减少其间角度，平稳推动针筒活塞，慢慢推注药液。也可采用针头与注射器分离进针的注射方法，按上述操作要领，先将针头或连接乳胶管的针头刺入静脉内，见有回血时，再沿脉管向前稍进针，松开左手，连接注射器或输液器，固定好针头，即可慢慢注入药液。输液时，应先放低输液吊瓶，待见到回血后再将吊瓶提高至与动物头同高，并用夹子或胶布将输液乳胶管固定在颈部皮肤上，调节好滴注速度（每分钟 30 ～ 35 mL 为宜），冬天药液应加温至接近体温。一定要排净注射器或胶管中的空气。注射刺激性的药液时不能漏到血管外。使药液缓慢地流入静脉血管内。注射完毕，左手持酒精棉球压紧针孔，右手迅速拔出针头，局部涂抹 5% 碘酊消毒。

3. 猪的静脉注射

（1）耳静脉注射法

病猪站立或侧卧保定，耳静脉局部剪毛、消毒。助手用手指按压耳根部静脉管处或用止血带在耳根部扎紧，使静脉回流受阻，静脉充盈怒张。术者用左手把持猪耳，将其托平并使注射部位稍有隆起，右手持连接注射器的针头或头皮针，沿静脉管的路径刺入血管内，轻轻抽动注射器活塞，见有回血后，再沿血管稍向前进针。松解压迫静脉的手指或止血带，术者用左手拇指压住注射针头，连同注射器固定在猪耳上，右手徐徐推进针筒活塞注入药液，直至药液注完。如果是大量输液时，以输液器、输液瓶替代注射器，进针后高举吊瓶即可滴注药液。

（2）前腔静脉注射法

用于大量输液或采血。

注射部位在前腔静脉。为左右两侧的颈静脉与腋静脉至第一对肋骨间的胸腔入口处于气管腹侧面汇合而成。注射部位在第一肋骨与胸骨柄结合处的正前方，于右侧进行注射，针头刺入方向呈近似垂直并稍向中央及胸腔倾斜。刺入深度依猪体大小而定，一般为 2 ～ 6 cm，选用 7 ～ 9 号长针头。

病猪取站立或仰卧保定。站立保定时，术者持连接针头的注射器，在右侧耳根至胸骨柄的连线上，距胸骨端 1 ～ 3 cm 处刺入针头，进针时稍微斜向中央并向第一肋骨胸腔入口处，边刺入边回抽活塞，见有回血时，表明针头已刺入前腔静脉，即可注入药液。猪取仰卧保定时，固定好其前肢及头部，术者手持连有针头的注射器，由右侧沿第一肋骨与胸骨结合部前侧方的凹陷处刺入，并稍微斜向中央及胸腔方向，一边刺入一边回抽，当见到回血后即表明针头已正确刺入，即可注入药液。注射完毕后左手持酒精棉球紧压针孔，右手拔出注射器，涂抹碘酊消毒。

4. 羊的静脉注射

羊静脉注射的方法有推注和滴注两种。

静脉注射的部位，在颈静脉的上 1/3 与中 1/3 交界处。

注射前，将羊站立保定，使头稍向前伸，并稍偏向对侧。小羊可进行侧卧保定。注射用具必须进行灭菌处理。注射部位严格进行剪毛、消毒。静脉内注射须认清颈静脉径路，然后用左手拇指横压在注射部位稍下方（近心端）的颈静脉沟上，使脉管充盈；右手持针头，针头斜面向皮肤外，沿颈静脉并朝头部方向，使针头与皮肤呈 45° 角左右，准确迅速地刺入颈静脉内。见有回血后，再沿静脉管向前推送一段针体，使针体较稳定地插在静脉管内（若一次不能直接刺入静脉，可先刺入皮下，然后再刺入静脉）；此时松开左手，接上装满药液的注射器或连接输液瓶的乳胶管，并可用胶管夹控制输液的速度，同时用夹子将靠近针头的胶管固定在颈部皮肤上，适当提高输液瓶。注射完毕后，左手持酒精棉球压紧针孔，右手迅速拔出针头，然后涂 5% 碘酊消毒。

5. 兔的静脉注射

注射部位在耳静脉。

注射前，将静脉注射的药液配好，装在输液吊瓶架上，排尽注射器或输液管中气体。局部剪毛，用酒精棉球反复涂擦耳背部消毒并使血管充盈，保定好兔，助手按压注射耳根部，使血管怒张，术者左手握住要注射的耳朵，右手持针，呈 45° 角刺入静脉内，见回血后，松开对静脉近心端的压迫，调整控制开关进行静脉注射，用夹子和输液胶布固定好，缓缓注入药液。若注射有阻力或局部皮下肿胀发白，表示针头没有插入血管，可将针头拔出再往前插针或调整针头方向，直至针头插入血管内，再进行注射。注射完毕，迅速拔出针头，用酒精棉球压住针孔，按压片刻，最后涂以碘酒。

6. 犬、猫的静脉注射

（1）前肢内侧头静脉注射法

注射部位在前肢腕关节正前方稍偏内侧。

对病犬取侧卧、伏卧或站立保定，局部剪毛（但要注意观赏犬一般不剪毛，而是用酒精把毛扒开，找到静脉再消毒）消毒。一人将静脉近心端压紧或用乳胶管（或止血带）扎紧，使静脉怒张。术者位于犬的前面，左手握住下肢，右手将注射针头（一般用5号半或6号）顺血管方向与皮肤呈45°角于近腕关节1/3处刺入静脉，当在针头连接管处见到有回血时，即确定针头已刺入静脉内，此时再顺血管走向进针少许，松解对静脉近心端的压迫，术者用左手固定针头或用胶布将针头固定于皮肤上，即可注入药液。大量输液时，在输液过程中，要注意调节输液速度，并在必要时试抽回血，以适时检查针头是否在血管内。注射完毕，用干棉签或棉球按压穿刺点，迅速拔出针头，术者或由畜主对局部继续按压片刻，以防出血。

（2）后肢外侧小隐静脉注射法

注射部位为小隐静脉，走向是后肢胫部下1/3的外侧浅表皮下，由前下方斜向后上方。病犬取侧卧保定，局部剪毛、消毒。由助手用手紧握股部或用乳胶管绑扎股部，使静脉怒张。术者位于犬的腹侧，左手从内侧握住下肢并借拇指固定静脉，右手持针头由左手拇指端处刺入静脉。以后操作按上述“前肢内侧头静脉注射法”进行。

（3）后肢内侧大隐静脉注射法

注射部位在后肢膝部内侧浅表皮下。

病犬取仰卧保定，将其后肢向外拉直，暴露腹股沟。在腹股沟三角区附近，先用左手探摸找到股动脉跳动的部位，在其下方即为大隐静脉所经部位，局部剪毛、消毒。术者用左手拇指固定静脉，右手持针头自左手指端刺入大隐静脉内，以后操作按“前肢内侧头静脉注射法”进行。

7. 禽类的静脉注射

注射前，将静脉注射的药液配好，装在输液吊瓶架上，排尽注射器或输液管中气体。局部剪毛、消毒，由助手按压肱窝处的翼根静脉（鸭为肱静脉），使血管怒张，术者右手持针，呈45°角刺入静脉内，见回血后，松开对静脉近心端的压迫，调整控制开关进行静脉注射，用夹子和输液胶布固定好，缓缓注入药液。注射完毕，迅速拔出针头，用酒精棉球按压针孔片刻，最后涂以碘酒。

（三）静脉注射的注意事项

1. 注意检查药品的质量，禁止使用有杂质、沉淀的药液进行静脉注射；不同药液混合注入时要注意配伍禁忌。对组织刺激性强的药液要严防漏出血管外，乳剂、油类制剂禁止进行静脉注射。

2. 严格遵守无菌操作规程，对输液器材和注射局部均应该严格消毒。

3. 动物要确实保定，确定注射部位并看准静脉后再扎入针头，避免多次扎针而引起血肿。

4. 静脉注射时要特别注意排尽注射器内的空气。

5. 冬春季节应把药液加温到体温。

6. 对刺激性较大的药液应避免注入皮下，以防引起组织坏死。

7. 在注射过程中要随时观察药液注入的情况，如出现液体输入突然过慢或停止，或注射局部明显肿胀时，应放低输液瓶，或一手捏紧乳胶管上部，使药液停止下流，再用另一手在乳胶管下部突然加压或拉长，并随即放开，检查回血情况，如无回血则应立即停止注入。当针头滑出血管时，应立即停止注射，重新调整针头，待正确刺入血管后再继续注入药液。

8. 输液过程中速度不能过快，大家畜以每分钟 30 ～ 60 mL 为宜，犬、猫等小动物以每分钟 25 ～ 40 滴为宜。要特别注意动物的表现，如有骚动不安、出汗、喘息、肌肉战栗反应时，立即终止输液。

9. 注药完毕，拔下针头，用酒精棉球压迫片刻，血液凝固后可松解保定。

五、气管内注射

气管内注射法是一种呼吸道的直接给药方法。宜用于肺部的驱虫及气管与肺部疾病的治疗。气管内注射部位在颈上部气管腹侧面正中，气管环之间。术部剪毛，先用碘酊消毒，再用酒精脱碘。术者左手找到气管环间隙，右手持注射器，从间隙处将针头刺入气管内，摆动针头无阻力，回抽有缓气泡后，缓慢注入药液。注完后，左手持酒精棉球压住注射部位，右手拔出针头，局部消毒。

（一）不同动物气管内注射的方法

1. 牛、马的气管内注射

气管内注射是将药液直接注射到气管内，以治疗支气管炎、肺炎及肺脏内寄生虫的驱除。

注射部位因家畜品种和治疗目的而有差别。治疗大家畜的支气管炎时，将患畜保定于栏内，抬高头部，先摸到喉头，在第三、四气管环间进行注射；治疗肺炎时注射部位应接近胸腔入口处的气管环间。犊牛在气管的下 1/3 处软骨环间。绵羊及犬、猫等动物在气管的上 1/3 处软骨环间注射。

动物站立保定，首先将动物的头抬高，使颈部处于伸展状态。注射部剪毛消毒后，将 16 ～ 18 号针头经皮肤垂直刺入气管内，当针头刺入气管内后有落空感，此时可缓慢将药液注入气管内。注射过程中要妥善保定好动物头部，以防动物头颈部活动而使针头脱出或折断针头。注射的药液应加温至38℃，刺激性强的药物禁忌作气管内注射。常用的药物有青霉素、链霉素、薄荷脑、石蜡油等。注射过程中若病畜剧烈咳嗽，可再注入2%盐酸普鲁卡因4～8 mL，以降低气管的敏感性。

2. 猪、羊的气管内注射

注射部位在颈上部气管腹侧面正中，气管环之间。

术部剪毛，先用碘酊消毒，再用酒精脱碘。术者左手找到气管环间隙，右手持注射器，从间隙处将针头刺入气管内，摆动针头无阻力，回抽有气泡后，缓慢注入药液。注完后，左手持酒精棉球压住注射部位，右手拔出针头，局部消毒。

剂量：土霉素，猪用25 mL/kg，加入5～10 mL注射用水。穿心莲（每毫升内含氯仿提取粗结晶5 mg），体重10千克左右的猪注射4 mL，体重20 kg左右的猪注射6 mL，40 kg以上体重的猪注射10 mL。同时每10 mL穿心莲中加入25%的麻黄素1 mL。隔日1次，连续注射3～5次。

3. 犬、猫的气管内注射

注射部位常在颈腹侧上1/3下界的正中线上，于第四至第五气管环间为注射部位。犬侧卧保定，固定头部，充分伸展颈部后，局部剪毛消毒，右手持针垂直刺入针头，深约1.0～1.5 cm，刺入气管后则阻力消失，抽动活塞有气体，然后慢慢注入药液。剂量不宜过多，一般犬为1.0～1.5 mL，猫在0.5～1.0 mL为宜。

（二）气管内注射的注意事项

1. 注射的药液应为可溶性并容易吸收的，否则有引起异物性肺炎的危险。

2. 剂量不宜过多，所注药物温度应与体温相等。

3. 为了防止或减轻咳嗽，可先注射2%普鲁卡因0.2～8.0 mL以降低气管黏膜的敏感性。

4. 针头经皮肤垂直刺入气管内，当针头刺入气管内后有落空感。

5. 注射过程中要妥善保定好动物头部，以防动物头颈部活动而使针头脱出或折断针头。

6. 刺激性强的药物禁忌作气管内注射。

六、腹腔内注射

（一）概述

腹腔内注射是将药液注入腹腔内的一种注射方法，利用药物的局部作用或腹膜的吸收作用达到治疗疾病的目的。大动物较少应用，而在小动物的疾病治疗上常采用。有些重危病例常因血液循环障碍，静脉注射十分困难，而腹膜的吸收速度很快，且可大剂量注射。在这种情况下，可采用腹腔注射。

注射部位为脐和骨盆前缘连线的中间点，旁开腹白线一侧。

注射前，先使动物前躯侧卧，后躯仰卧，将两前肢系在一起，两后肢分别向后外方转位，充分暴露注射部位，保护好头部。注射时，局部剪毛、消毒，将针头垂直刺入皮肤，依次穿透腹肌及腹膜，当针头刺破腹膜时，顿觉无阻力，有落空感，针头内无气泡及血液流出，也无脏器内容物溢出，注入灭菌生理盐水无阻力，说明刺入正确。此时可连接胶管进行注射。常用于仔猪及狗、猫等小动物的注射。

（二）不同动物的腹腔注射法

1. 马、骡腹腔注射的方法

注射部位在左侧肷部。

助手将动物倒立保定。注射部剪毛消毒，先用碘酊消毒，再用酒精脱碘。术者一手拇指食指捏起腹壁，另一手持连接针头的注射器垂直刺入 2 ～ 3 cm，拨动针头活动自由后，注入药物。注完后，用酒精棉球按压注射部位，拔出针头。

2. 羊腹腔注射的方法

注射部位在右侧肷部。

助手将动物倒立保定。注射部位剪毛消毒，先用碘酊消毒，再用酒精脱碘。术者一手拇指食指捏起腹壁，另一手持连接针头的注射器垂直刺入腹腔，拨动针头活动自由后，注入药物。注完后，用酒精棉球按压注射部位，拔出针头。

3. 猪腹腔注射的方法

注射部位在耻骨前缘前方 3 ～ 5 cm 处的腹中线侧旁。

体重较轻的猪可由助手提举后肢作倒立保定，并使病猪腹部面向术者；体重较大的猪可采用横卧保定，并使后躯高于前躯。注射局部剪毛，先用 5% 碘酊消毒，再用 75% 酒精脱碘。术者左手把握腹侧壁，右手持连接针头的注射器或输液管垂直刺入腹腔内（刺入 2 ～ 3 cm，摇动针头有空虚感），而后左手固定针头，回抽无血液或肠内容物时，右手推注药液或输入药液。注射完毕，拔出针头，术部消毒处理。

4. 犬、猫、兔腹腔注射的方法

注射部位，犬在脐和骨盆前缘连线的中间点，腹中线侧旁；猫在耻骨前缘 2 ～ 4 cm，腹中线侧旁。

将犬或猫后肢提起作倒立保定，或使犬前躯侧卧，后躯仰卧，将两前肢系在一起，两后肢分别向后外方转位，并将后躯稍抬高保定，使注射部位充分暴露。各种保定法均要注意固定好犬、猫的头部。术部剪毛后，先用 5% 碘酊消毒，再用 75% 酒精脱碘。术者左手把住腹壁，右手持连接针头的注射器垂直刺入腹腔内。当针头刺破腹膜进入腹腔时，会有阻力突然消失的感觉，回抽无血液或脏器内容物时即可注射。注射完毕，用碘酊或酒精棉球压住穿刺点，拔出针头，消毒针孔。

（三）腹腔注射的注意事项

1. 所注药液应加温至接近动物体温。

2. 所注药液应为等渗溶液，最好选用生理盐水或林格氏液。

3. 有刺激性的药物不宜作腹腔注射。

4. 一定要回抽无血液，无血液可以注射；有血液则拔出针头重新注射。

七、瓣胃内注射

瓣胃内注射是将药液直接注入牛、羊等反刍动物胃内的注射方法。主要目的是软化瓣胃内容物，用于瓣胃阻塞时疏通瓣胃。

（一）概述

1. 应用

瓣胃内注射主要用于胃阻塞的治疗，治疗牛血吸虫病时也用瓣胃注射法及某些特殊药品的给药。

2. 准备

15 cm 长针头（16 ～ 18 号针头）、注射器、注射用药品（液状石蜡、25% 硫酸镁溶液、生理盐水、植物油等）。

3. 注射部位

瓣胃位于右侧第 6 ～ 9 肋间，注射部位在右侧第十肋骨前缘或右侧第九肋间与肩关节水平线交点上下 2 cm 范围内，略向前下方刺入。

4. 操作方法

动物作站立保定，注射部位局部剪毛、消毒。术者立于动物右侧，左手将注射局部皮肤上下或左右稍移动，右手持长针头垂直刺入皮肤后，使针头朝向对侧肘突方向刺入 8 ～ 10 cm（羊稍浅），此时先判断针头是否刺入瓣胃内。针头接上注射器并回抽，如有血液或胆汁，则提示针头刺入肝脏或胆囊，可能是刺入点过高或朝向上方所致，应将针头拔出，重新调整针头反方向刺入；如回抽无血液、胆汁等物，可先注入 20 ～ 50 mL 生理盐水，再回抽见有食糜或内容物时，即为刺入正确，即可注入所需药液。注射完毕，迅速拔出针头，术部涂擦碘酊消毒。

（二）刺入瓣胃的判断方法

刺入瓣胃时有沙沙感，没有阻力感。为证实是否刺入瓣胃内，可先注入少量生理盐水并回抽，如见混有草屑之胃内容物，即可确认，再注入药物，注毕迅速抽针，局部消毒。

（三）注意事项

（1）动物要确实保定，对躁动不安的动物可先肌注镇静剂后再进行注射。

（2）在注入药物前，一定要准确判断针头准确刺入瓣胃内。

（3）若遇针头内有血液流出应停止进针。

八、乳房内注射

乳房内注射是将药液通过乳导管注入患病乳区内的一种注射方法。

（一）应用

主要用于奶牛、奶水牛、奶山羊等的乳腺炎的治疗。

（二）器械

导乳管（或将尖端磨得光滑钝圆的长针头）、50 ～ 100 mL 注射器或输液瓶、药品。

（三）注射部位

奶牛、奶水牛、奶山羊的乳头管。

（四）操作方法

动物站立或仰卧保定，先将乳汁挤净，清洗乳房并拭干，用碘酊消毒，再用 70% 酒精消毒乳头。术者蹲于动物腹侧旁，左手握紧乳头并轻轻向下拉，右手持导乳管自乳头口徐徐导入，当导乳管插入一定长度时，再以左手把握住导乳管和乳头，右手持注射器与导乳管连接，然后徐徐注入药液。注射完毕，将导乳管拔出，同时术者左手拇指与食指捏紧乳头口，防止药液外流。右手按摩乳房，促进药液扩散。

（五）乳房内注射的注意事项

1. 用通乳针或用磨去针尖的秃针头插入乳头管内。

2. 注射时洗净乳房外部并擦干，挤净乳区内的乳汁。

3. 用酒精棉球消毒乳头，左手握住乳头，使乳头管与乳头孔成一直线，将乳导管从乳头孔插入乳区，左手固定乳头和乳导管，右手将注射器接上，缓缓注入药液。

4. 注毕拔出乳导管，轻轻捏住乳头孔，并按摩乳房。

5. 先注射健康乳室，后注射有病乳室。每天注射 1 次，注射后至下次注射之间停止挤乳。

第十章 临床治疗方法

第一节 物理疗法

一、水疗法

（一）泼浇法

牛前胃迟缓及瘤胃臌气时，用冷水泼浇腹部；胃肠道痉挛时，用热水泼浇腹部；日射病、鼻出血及昏迷状态时，用冷水泼浇头部和四肢等。

（二）淋浴法

温水及热水淋浴应用于肌肉过度疲劳、肌肉风湿及肌红蛋白尿等；冷水淋浴常用于动物体的锻炼。

（三）沐浴法

温暖季节经常适当的沐浴，可提高动物的新陈代谢能力，改善神经和肌肉紧张度。动物沐浴最好是在河床坚硬、有斜坡且河床平坦的水域进行。水温应不低于 18 ～ 20℃。禁忌症有皮肤湿疹、心内膜炎、肠炎、衰弱、恶性肿痛、妊娠等。

（四）冷水疗法

1. 冷敷法

用叠成两层的毛巾或纱布浸以冷水，敷于患部，保持敷料低温。也可使用冰袋、雪袋及冷水袋局部冷敷。为防止感染，可选用 2% 硼酸、高渗盐水或硫酸镁等消炎剂。

2. 冷脚浴法

常用于治疗蹄、指、趾关节疾病。将冷水盛于木桶或帆布桶后，将患部浸入水中。长时间冷脚浴时蹄角质需涂蹄油。局部冷水疗法可用于手术后出血、软组织挫伤、血肿、骨膜挫伤、关节扭伤、腱及腱鞘疾患，马的急性蹄叶炎及蹄底挫伤等。一切化脓性炎症、患部有外伤时不能用湿性冷疗，需用冰袋、雪袋或冷水袋等干性疗法。

（五）温热疗法

1. 水温敷法

局部温敷适用于消炎、镇痛等。温敷用四层敷料：第一层为湿润层，可直接敷于患部，用叠成四层的纱布或二层的毛巾、木棉等；第二层为不透水层，用玻璃纸或塑料布、油布等；第三层为不良导热层，用棉花、毛垫等；第四层为固定层，可用绷带、棉布带等。先将患部用肥皂水洗净擦干，然后将湿润层以温水或 3% 醋酸铅溶液缠于患部（轻压挤出过多的水），外面包以不透水层、保温层，最后用绷带固定。为了增加疗效可用药液温敷。湿润层每 4 ～ 6 小时更换一次。

2. 酒精温敷法

用 95 度或 70 度酒精进行温敷，酒精度越高，炎症产物消散吸收也越快。局部有明显水肿和进行性浸润时，禁用酒精温敷。

3. 热敷法

常用棉花热敷法。先将脱脂棉浸以热水轻轻挤出余水后敷于患部，浸水的脱脂棉外包上不透水层及保温层，再用绷带固定。每 3 ～ 4 小时更换一次。

4. 热脚浴法

与冷脚浴法操作相同，只是将冷水换成热水或加适量的防腐剂或药液。

二、石蜡疗法

主要适用于亚急性和慢性炎症（如关节扭伤、关节炎、腱及腱鞘炎等）、愈合迟缓的创伤、骨痂形成迟缓的骨折、营养性溃疡、慢性软组织扭伤及挫伤、瘢痕粘连、神经炎、神经痛、消散缓慢的炎性浸润、黏液囊炎及瘢痕挛缩等。禁忌症为有坏死灶的发炎创尺、急性化脓性炎症以及不能使用温敷的疾患。

在皮肤上做“防烫层”。患部仔细剪毛并洗净、擦干（如局部皮肤有破裂、溃疡及伤口，应先用高锰酸钾液洗涤并干燥），包扎一层螺旋绷带，用排笔蘸 65℃的融化石蜡，涂于皮肤上，连续涂刷石蜡层达到 0.5 cm 厚为止。

（一）石蜡热敷法

做完“防烫层”后迅速涂布热石蜡厚层，达 1.0 ～ 1.5 cm，外面包上胶

布，再包以保温层，最后用绷带或三角巾固定。石蜡热敷法透热深度较浅，常用于小动物。

（二）石蜡棉纱热敷法

做好“防烫层”后，用4～8层纱布按患部大小叠好，浸于融化的石蜡中，取出后压挤出多余的石蜡，迅速敷于患部，外面包以胶布和保温层并加以固定。常用于四肢以外的其他部位。

（三）石蜡热浴法

做好“防烫层”后，从蹄子下面套上1个胶布套，形成距皮肤表面直径2.0～2.5 cm的空囊。用绷带将空囊的下部扎紧，然后将石蜡从上口注入空囊中，让石蜡包围在四肢游离端的周围，将上口扎紧，外面包上保温层加以固定。

三、黏土疗法

（一）冷黏土疗法

用冷水将黏土调成粥状，可在每0.5 kg水中加食醋20～30 mL以增强黏土的冷却作用，调制好的黏土敷于患部，用于马的急性蹄叶炎、挫伤和关节扭伤等。

（二）热黏土疗法

用开水将黏土调成糊状，待其冷却到60℃后，迅速将其涂布于厚布或棉纱上，然后覆于患部，外面敷以胶布或塑料布，然后包上棉垫等加以固定，用于治疗关节僵硬、慢性滑膜囊炎、骨膜炎及挫伤等。

四、光疗法

（一）紫外线疗法

应用波长275～320 nm的紫外线，可用于内科病如骨软症、佝偻病、牛前胃迟缓等的治疗。此外，对慢性和急性支气管炎、渗出性胸膜炎、格鲁布性肺炎末期也有良好效果。对外科疾病如长期不愈合的创伤、软组织和关节的扭伤、溃疡、骨折、关节炎、挫伤、冻伤、褥疮、皮肤疾患、风湿病、神经炎、神经痛及腱鞘炎等均有良好的疗效（如以杀菌为主，则选择波长180～280 nm的紫外线）。禁忌症有进行性结核、恶性肿瘤、出血性素质、心脏代偿机能减退等。全身照射时，要根据被毛密度、动物个体特点而不同，全身照射的距离一般是 1 m，每日或隔日照射 10 ～ 15 分钟。局部照射时先剃毛，然后在距离 50 cm 处照射，在最初 5 ～ 6 天内照射 5 分钟，以后可适当延长照射时间。

（二）红外线疗法

400 ～ 760 nm 的红外线可用于治疗创伤、挫伤、肌炎、湿疹、各种亚急性及慢性炎症过程、神经炎、物质代谢紊乱、胸膜炎及肺炎等。急性炎症、恶性肿瘤、急性血栓性静脉炎等禁用红外线疗法。确实保定动物，把红外线灯头对准治疗部位，距体表 60 ～ 100 cm，调节距离使光线在体表处温度为 45℃。每天 1 ～ 2 次，每次 20 ～ 40 分钟。

五、冷冻疗法

（一）接触法

根据病灶来选择冷冻头的大小和形状，接在冷冻治疗器输液管前端，治疗时将冷冻头轻轻接触患部即可引起组织坏死。对较大的病灶应分段分区进行冷冻。

（二）喷射法

从贮液器内经输液管直接向病变部位喷射液氮，不接冷冻头。适用于形状特殊和高低不平的病变，且不受治疗范围大小限制。为防止冻伤周围健康组织可涂以保护剂。

（三）倾注法

将液氮直接倾注于病变部位进行直接冷冻，适用于面积较大的化脓创及肿瘤等。

（四）灌注法

将囊腔或创腔切开后，排除内容物，清洁内腔后，从切口插入导管，再将液氮灌注入腔内，适用于治疗某些深部瘘管、飞节内肿及黏液囊炎等。

（五）传导冷冻

将乳导管、针头或不锈钢丝先放入液氮缸内，待出现白霜后取出，插入瘘管或乳头管内，然后再冷冻针柄或不锈钢丝。适用于瘘管、窦道、乳头管狭窄及乳头管闭塞等。

第二节 激素疗法

一、肾上腺皮质激素

临床用于牛酮病和羊妊娠毒血症的治疗；对感染性疾病，一般不主张使用皮质激素，但当感染对机体生命带来严重危害时，也可用它来控制过度的炎症反应，如当各种败血症、肺炎、中毒性菌痢、腹膜炎、子宫内膜炎（产后感染）、乳腺炎等时，为控制感染给予大剂量抗生素的同时，应用皮质激素可取得更好的疗效；对皮肤的非特异性或变态反应性疾病有较好疗效，用药后痒觉很快停止，炎症反应消退，如荨麻疹、湿疹、脂溢性皮炎、化脓性皮炎以及蹄叶炎等；对各种休克有较好疗效，在对抗血管衰竭和脑水肿方面有特殊价值；也可用于关节炎、眼科病（可全身用药或局部用药）及母畜引产等。

二、胰岛素

临床应用于糖尿病和马肌红蛋白尿症的治疗，对肝病、幼龄动物营养不良及衰竭症也有一定的治疗意义。此外，在应用胰岛素的同时应配合给予葡萄糖，实行胰岛素葡萄糖疗法。该疗法可在一定程度上增强机体的代谢过程，改善其营养状况。

三、肾上腺素

临床上用于急性心力衰竭和各种休克，也可作为胃、鼻、膀胱及子宫等出血时的止血剂。还可用于解除支气管平滑肌痉挛，治疗支气管哮喘，对制止其急性发作效果更佳。

四、生殖激素

1. 促性腺激素释放激素

临床应用于治疗不排卵及卵巢囊肿，在繁殖上可提高受胎率。

2. 垂体前叶促性腺激素

（1）促卵泡激素（FSH）

用于治疗卵泡停止发育或两侧卵泡交替发育等卵巢疾病；也可用于同期

发情及超数排卵，以提高繁殖率。

（2）促黄体激素（LH）

临床上用于治疗卵巢囊肿以及由卵巢囊肿引起的慕雄狂；在生产上用来提高同期发情的效果，加速排卵，提高受胎率。

3. 非垂体促性腺激素

（1）孕马血清（PMS）

临床上常用于促进发情和治疗长期不发情或发情反常的许多卵巢疾病。对雄性动物可提高性兴奋。

（2）人绒毛膜激素（HCG）

临床上用于促进排卵以提高受胎率；也可用于治疗有慕雄狂症状的卵巢囊肿；生产上也可用于同期发情。

4. 性腺激素

（1）雌激素

用于治疗子宫内膜炎、胎衣不下或排出死胎及人工流产。

（2）孕激素（黄体酮）

临床上常用于预防流产或治疗先兆性流产。

（3）雄激素

临床上用于治疗雄性动物睾丸发育不全以及睾丸机能减退（性欲低下）；或用于治疗衰弱性疾病和贫血等。

五、前列腺素

PGE_2 及 PGF_{2a} 可诱发分娩或流产和破坏黄体；PGA_1 可抑制胃酸分泌；PGE_1 及 PGE_2 可使气管扩张；PGF_{2a} 具有很强的破坏黄体和使子宫收缩的作用。

六、垂体后叶激素

临床上用于产科病的治疗。如胎位正常、产道无障碍但呈阵缩微弱难产时，可给予小剂量的催产素和垂体后叶素用以催产；较大剂量垂体后叶素肌注可起到产后出血的止血作用，但作用时间短，需 2 ～ 3 小时重复给药。

第三节 输血疗法

一、适应症及禁忌症

输全血适应于大失血、各种贫血和休克、血友病、白血病、败血症、白细胞减少症、低红细胞性疾病、恶病质、一氧化碳中毒等疾病。对于血容量正常但红细胞不足或红细胞携氧能力不足、红细胞生成不足或破坏过多等疾病，适宜输入红细胞。对于非贫血性低血容量性疾病，如烧伤、急性或持久性腹泻、凝血紊乱疾病（如香豆素中毒、弥漫性血管内凝血）等，适宜输入血浆。严重心脏疾病、肾脏疾病、肝病、肺水肿、肺气肿、血管栓塞症、脑水肿等均不宜输血。

二、供体选择

供血动物应为健康无病的同种动物，血色素和血浆蛋白含量正常。动物首次输血一般不会发生严重危险。无论何种动物，当其接受同种动物血液后，在 3 ～ 10 天内均可产生免疫抗体，若再以同一供血动物血液重复输血则易产生输血反应，需多次输血时应准备多头（只）供血动物；当不得已需用同一供血动物时，输血应在 3 天内进行。输血前进行血液相合试验更为安全。

三、血液的采集与贮存

（一）采血

临床上常用的抗凝剂为 3.8% 柠檬酸钠、10% 氯化钙，与血液的比为 1∶9；10% 水杨酸钠液，与血液的比为 1∶5。先吸入抗凝剂，再按比例采血至所需数量。

（二）血液保养液

常用的是柠檬酸葡萄糖合液，即 ACD 保存液（柠檬酸钠 1.33，柠檬酸 0.47，葡萄糖 3，重蒸馏水加至 100，灭菌后备用），每 100 mL 全血加人 ACD 保存液 25 mL，4℃贮存 29 天其红细胞存活率可达 70%。

四、输血方法

可取动物颈静脉、隐静脉、头静脉、腹腔或骨髓内输血。腹腔输血吸收慢，部分细胞不能复活，适用于不必立即增加红细胞容量的病例。髓内注射适用于小型犬、猫，可用 20 号带针芯针头从股骨滑车窝直接注入骨髓腔。常取静脉输入，输血前轻轻晃动输血瓶，使血浆与血细胞充分混合均匀。输血过程中要随时晃动输血瓶以防止血细胞沉降而堵塞输血针。输血速度应尽量缓慢，一般为每分钟 20 ～ 25 mL；当急性大失血时，速度应加快，每分钟 50 ～ 100 mL。输血的剂量及次数需按病情确定。

五、输血反应及其预防

（一）发热反应

输血后 15 ～ 30 分钟，受血动物出现寒战和体温升高。预防措施是在每 100 mL 血液中加入 2% 盐酸普鲁卡因 5 mL 或氢化可的松 50 mg，输入速度宜慢，若反应剧烈，应立即停止输血。

（二）过敏反应

受血动物表现为呼吸急促、痉挛、皮肤见有荨麻疹等。出现过敏反应时立即停止输血，肌肉注射苯海拉明或 0.1% 肾上腺素 5 ～ 10 mL，必要时进行对症治疗。

（三）溶血反应

受血动物在输血过程中突然出现不安，呼吸和脉搏急数，肌肉震颤，不时排尿、排粪、高热，可视黏膜发绀，并有休克症状。出现溶血反应时立即停止输血，改注含糖盐水后再注入 5% 碳酸氢钠液，必要时配强心、利尿剂。

第四节 给氧疗法

给氧主要应用于缺氧引起的各种疾病，多数情况下仅作为临时急救措施，以补充暂时性缺氧。对肺炎、胸膜炎、肺充血与肺水肿最为有效。此外，还可以用于上呼吸道狭窄、某些中毒、脑病、休克或特殊手术时。给氧的方法最常用氧气吸入法。

氧气吸入的方法有鼻腔插管法、气管插管法、密闭式呼吸装置等。临床上常用简便易行的鼻腔插管法。取一根较细的橡皮管或质地稍硬的塑料管，

将其钝圆端插入动物鼻道，至咽喉部稍退回一点，并用细绳将鼻管固定于动物头上，以防脱出。另一段接在氧气瓶给氧装置上，调节好氧气流量，给动物吸氧。

如果没有氧气瓶给氧装置，可使用氧气袋或自制简易给氧器供氧。取盐水吊瓶 1 只，广口瓶 2 只，分别配上橡皮塞或软木塞，并在其中央打 2 个适宜的小孔，盐水吊瓶中盛 3% 过氧化氢溶液（双氧水）300 ～ 500 mL，用橡胶管与一广口瓶连接，广口瓶中盛放高锰酸钾 30 ～ 50 g，橡胶管装上一只弹簧夹，以控制过氧化氢液的流量，另一广口瓶内盛清水 200 ～ 300 mL，将三只瓶连接起来，瓶塞及各接头处用蜡密封。打开弹簧夹，滴入过氧化氢溶液，即可产生氧气，根据广口瓶内清水中气泡的多少，控制过氧化氢滴入速度和氧气量，并将氧气输出胶管按上述方法插入动物鼻道即可给动物吸氧。

一、经导管给氧法

（一）鼻导管给氧法

给氧装置输出导管插入动物鼻孔内，放出氧气，供动物吸入。

（二）气管内插管法

大动物倒卧保定，用开口器打开口腔并将头颈伸展，舌向前拉出，经口将导管送入咽部，乘吸气时将导管插入气管或用细小的导管经下鼻道插入气管。小动物一般经口直接插入气管。

（三）导管插入咽头部给氧法

将导管插入患病动物咽头部给氧。

二、皮下给氧法

把氧气注入到动物皮下疏松结缔组织中，经毛细血管内的红细胞逐渐吸收。大动物 6 ～ 10 L；中、小动物每次 0.5 ～ 1.0 L，可选取数点进行。注入速度为每分钟 1.0 ～ 1.5 L。

三、经鼻直接给氧法

在给氧装置输出导管的一端，连接活瓣面罩，将面罩套在患病动物的面鼻上，并固定于头部和鼻梁上，打开氧气瓶，动物即可自由吸入氧气。

第五节 封闭疗法

一、肾区封闭法

适用于某些腹腔、盆腔及后躯炎症，对胃扩张、肠膨胀、肠便秘也有效。严重心脏病、肾脏病、全身衰竭等不宜应用。将盐酸普鲁卡因液注入肾脏周围的脂肪囊内，封闭该区域的交感神经干、神经丛、通向腹壁以及内脏器官表面的传导神经干。注入时应根据动物肾脏的解剖位置来确定刺入点、刺入方向及刺入深度。刺针前要保定好动物，术部剪毛、消毒。进针正确时有落空感，推药时感觉如同皮下注射。注射剂量一般为 0.25% 盐酸普鲁卡因液每千克体重 1 mL。可分成两份分别注于两侧，采取左右交替注射法，也可将全量注于一侧，1 ～ 3 天一次，5 次为一疗程。若 3 次无效则停用。

二、四肢环状封闭法

治疗四肢和蹄的疾病及慢性溃疡等。在动物患肢病灶上方约 3 ～ 5cm 的健康组织上，前肢不超过前臂部、后肢不超过小腿部，分别从皮下到骨膜进行环状注射药液，边退针边注射 0.25% ～ 0.5% 盐酸普鲁卡因液。注射总量大动物 50 ～ 150 mL，小动物 5 ～ 15 mL，每 1 ～ 2 天 1 次。

三、病灶封闭法

治疗创伤、溃疡、蜂窝织炎、乳腺炎、淋巴管炎，各种急性、亚急性停留在浸润期的炎症等。将 0.25% ～ 0.5% 盐酸普鲁卡因液分点注射到病灶周围健康组织内的皮下、肌肉或病灶基底部以包围整个病灶。药液内加人 100 万～ 160 万国际单位青霉素效果更好。

四、静脉内封闭法

治疗挫伤、烧伤、去势后水肿、久不愈合的创伤、湿疹及皮肤炎等。用 0.25% 盐酸普鲁卡因生理盐水稍加温后缓慢静注，大动物每千克体重 2 mL，小动物每千克体重 1 mL，1 ～ 2 天 1 次。

五、穴位封闭法

用 0.25% ～ 0.5% 盐酸普鲁卡因液按针灸的穴位注射，治疗四肢带痛性疾病。注射液中加入 0.1% 盐酸肾上腺素可提高疗效。大动物 50 ～ 150 mL，小动物 5 ～ 15 mL。每 1 ～ 2 天 1 次，3 ～ 5 次为一个疗程。

第六节 血液疗法

一、自家血液疗法

治疗各种亚急性及慢性病、贫血、眼科病、营养不良、慢性皮肤病、支气管炎、腹膜炎、胸膜炎等。对急性扩散性疾病、体温显著升高、心脏、肝脏及肾脏疾病和特别衰弱的动物禁用。动物站立保定，无菌条件下由患病动物的颈静脉（猪从耳静脉或前腔静脉）采取所需的血液，立即注射于颈部、胸部或臀部及皮下，注射量大时，作分点注射。注射剂量，牛、马 60 ～ 120 mL，猪、羊 10 ～ 30 mL。注射量由少到多，大动物一般第 1 次注射 60 mL，以后每次增加 20 mL，但最多不超过 120 mL，每 3 天 1 次，4 ～ 5 次为一个疗程。注射部位可在左右两侧交替进行。

二、血液绷带疗法

对愈合迟缓的肉芽创、久不愈合的溃疡、瘘管、窦道、头部皮炎、化脓创、营养性溃疡均有疗效。首先用外科方法清洁创面，根据病变大小准备 4 ～ 5 层灭菌纱布，无菌条件下由患病动物颈静脉采血，将纱布层浸透，敷在创面上；对创腔深、存在窦道的创伤可直接将血液缓慢注在创面上或创腔内；然后在上面敷以湿性防腐纱布，再敷一层油纸，而后包扎绷带；根据创面变化决定换绷带时间，一般 2 ～ 3 天换一次，生长良好的创伤可延长换绷带时间。

三、干燥血粉疗法

对关节透创、难愈合的窦道、瘘管、上皮形成缓慢的外伤有显著疗效；对化脓创、肉芽创可加速愈合。将创面、窦道、瘘管进行彻底外科处理，根据创面大小撒布适量干燥血粉，覆盖整个创面，或将血粉撒在纱布上敷在伤面，然后包扎。每隔 1 ～ 2 天更换一次。随肉芽生长可适当延长更换时间。

第七节 其他疗法

一、血清疗法

血清疗法是一种病因疗法，即给动物注射免疫血清，借以杀死病原体。本法多用于传染病的治疗，如炭疽、牛出败病、猪肺疫、猪丹毒、猪瘟、气肿疽、破伤风等。血清疗法是一种被动免疫，虽然有及时生效的优点，但也有免疫期短的缺点，免疫血清除用于相应传染病的治疗外，还用于紧急预防。

二、蛋白疗法

用于疖病、蜂窝织炎、脓肿、胸膜炎、乳腺炎、亚急性和慢性关节炎及皮肤病的治疗；对幼畜胃肠道疾病、营养不良、卡他性肺炎等也有一定疗效。当传染病恶化、心功能紊乱、肾炎及妊娠时禁用。一般用血清、脱脂乳、自家血液、同种或异种动物的血液等作为蛋白剂，临床上常用的是健康动物的血清，大动物每次 50 ～ 100 mL，中、小动物每次 10 ～ 30 mL，每 2 ～ 3 天 1 次，2 ～ 5 次为一个疗程。

三、药物气雾疗法

（一）药物熏蒸法

在对动物进行群体治疗时，可采用室内熏蒸法。治疗室应密闭，面积以 10 ～ 12 m^2 为宜。治疗室内设药物蒸汽锅，将药物加水倒入锅内，加热煮沸，让蒸气弥漫室内。将待治疗动物迁入室内。每次治疗时间为 15 ～ 30 分钟。每日或隔日 1 次。此疗法适用于流行性感冒、支气管炎、肺炎以及某些皮肤病的治疗。

（二）超声波雾化器疗法

超声波雾化器广泛应用于治疗上呼吸道、气管、支气管感染、肺部感染（如支气管肺炎），通过稀释痰液，具有湿化气道、祛痰等作用。使用超声波雾化器，先将药液加入药杯中，盖紧药杯盖，再将面罩给动物戴上，或不用面罩而直接将波纹管口对准动物口鼻部。插上电源，开机即可。雾化量开关

可调节出雾量大小，以不引起动物不适为宜。

四、免疫疗法

免疫疗法是通过给动物体注射疫（菌）苗，刺激机体产生免疫抗体，以达到预防相应的传染病的目的。由于疫（菌）苗是用于自动免疫，免疫抗体产生需要一定的时间，所以其效果产生比免疫血清来得慢。但是一旦机体获得一次免疫，会持续较长时间，具有预防疾病的效果，因此多用于传染病的预防。

五、食饵疗法（营养疗法）

这是对于因饲料中蛋白质、碳水化合物、脂肪、矿物质、维生素等的缺乏或不平衡而引起的营养障碍性疾病的针对疗法，通过补充或调整适当的营养物质，使病畜得以康复。食饵疗法不仅应用于营养障碍性疾病，而且在治疗其他任何疾病时也是必须考虑到的问题，这对于动物的康复是有益的。

六、驱虫疗法

在兽医临床上，当怀疑动物所出现的症状与寄生虫有关时，应进行粪便的虫卵检查或血液涂片、皮肤刮取物的检查。当查到多量虫卵或病原体时，应采取驱虫（体内或体外寄生虫）疗法。常用的驱虫药有敌百虫、左旋咪唑、丙硫苯咪唑（丙硫咪唑）、甲苯咪唑、伊维菌素、阿维菌素（牛、羊、犬、猫、家禽每千克体重 0.2 mg，猪每千克体重 0.3 mg）、灭虫丁（家畜、家禽每千克体重 0.2 mg）、吡喹酮、硫双二氯酚（别丁）、贝尼尔（三氮脒）、黄色素（锥黄素）、台盼蓝（锥蓝素）、安锥赛（喹嘧胺）、氯苯胍、莫能菌素、双甲脒、二氯苯醚菊酯（除虫精）、溴氢菊酯等。

参考文献

[1] 尹柏双，郝景锋 . 兽医临床诊断学 [M]. 延吉 : 延边大学出版社，2015.
[2] 钟诚 . 兽医临床诊断学 [M]. 桂林 : 广西师范大学出版社，2004.
[3] 张涛 . 兽医临床诊疗技术 [M]. 银川 : 宁夏人民出版社，2014.
[4] 姚卫东，戴永海 . 兽医临床基础 [M]. 北京 : 中国农业大学出版社，2008.
[5] 尹柏双，郝景锋 . 兽医临床诊断学 [M]. 延吉 : 延边大学出版社，2015.
[6] 孙天浩，安珊，胡英 . 导致临床兽医诊断局限性的因素 [J]. 畜牧兽医科技信息，2019(11):48-49.
[7] 王新疆 . 实验室检验在兽医临床诊断中的作用 [J]. 中国畜禽种业，2019(11):54.
[8] 邵军，刘红霞，赵国良 . 动物检疫与兽医临床诊断的异同 [J]. 现代畜牧兽医，2006(04):27.
[9] 邵军，刘红霞，赵国良 . 动物检疫与兽医临床诊断的异同 [J]. 今日畜牧兽医，2006(07):11.
[10] 朱志琼 . 兽医诊断疾病的步骤和思维方法 [J]. 现代畜牧科技，2020(02):10-11.
[11] 赵秀荣 . 兽医临床诊断的基本方法及诊断步骤 [J]. 中兽医学杂志，2019(03):90.
[12] 尹华丁，谢峰，席立朋 . 兽医临床诊断的基本方法探析 [J]. 中国畜禽种业，2019(06):52.
[13] 张蕾 . 兽药在兽医临床诊断的应用分析 [J]. 中国畜禽种业，2019(07):54.
[14] 宋学成，贺绍君，陈会良，李静，胡倩倩 . 兽医临床问诊方法探讨 [J]. 安徽科技学院学报，2019(03):102-104.
[15] 田志国 . 兽药在兽医临床诊断中的价值 [J]. 畜牧兽医科学 (电子版)，2017(01):17.
[16] 鲁卫红 . 分析实验室检验在兽医临床诊断中的应用 [J]. 中国动物保健，2017(09):68-69.

[17] 韩富鸣 . 临床兽医诊断的局限性与实际作用 [J]. 养殖技术顾问，2012(10):133.

[18] 冯军 . 兽医诊断过程中的逻辑思维 [J]. 佛山科学技术学院学报 (自然科学版)，1998(03):3-5.

[19] 张耀东，陈宗敏，刘荣业 . 兽医临床诊断中的“望、闻、问、切”浅析 [J]. 湖北畜牧兽医，2014(08):46,48.

[20] 银莲 . 动物疫病诊断中兽医病理诊断技术 [J]. 畜牧兽医科学 (电子版)，2020(04):32-33.

[21] 彭栋梁 . 探析猪流感与猪感冒的兽医临床鉴别及治疗 [J]. 农民致富之友，2019(13):172.

[22] 凌均 . 猪流感与猪感冒在兽医临床上的鉴别和治疗 [J]. 今日畜牧兽医，2019(11):91.

[23] 乔俊平，秦锋涛 . 基层兽医临床诊疗工作中的注意事项 [J]. 当代畜牧，2017(02):40-41.

[24] 罗盈滢 . 犬猫肿瘤性疾病的临床诊疗方法 [J]. 湖北畜牧兽医，2017(05):23-24.

[25] 蒋泽贵 . 基层兽医临床工作中常用鉴别诊断方法 [J]. 中国畜牧兽医文摘，2011(03):124-125.

[26] 和文龙 . 中兽医色诊发展史 [J]. 中国农史，1992(02):96-101.

[27] 李明东 . 基层兽医日常工作体会 [J]. 畜禽业，2015(03):61-62.

[28] 马占民 . 兽医临床诊断的基本方法及诊断步骤 [J]. 现代农业科技，2012(15):281-282.

[29] 袁玉花 .PCR 技术及其在兽医临床诊断中的应用 [J]. 畜禽业，2002(03):12-13.

[30] 于慧鑫 . 兽药在兽医临床诊断中的应用 [J]. 畜牧兽医科技信息，2016(06):136.

[31] 林壮，李志强 . 浅谈基层兽医临床抗生素的合理应用 [J]. 中国畜禽种业，2009(06):31-32.

[32] 孙志强 . 浅谈家畜舌象与疾病的临床诊断 [J]. 农业科技与信息，2009(09):44.

[33] 毕加才 . 中兽医基础理论在基层兽医临床的作用 [J]. 中国畜禽种业，2017(01):40-41.